DER TAG AN DEM
SICH ALLES ÄNDERTE

Für Anna

Die großartigste beste Freundin der Welt

DER TAG AN DEM
SICH ALLES ÄNDERTE

THOMAS KLUßMANN

Inhalt

Vorwort

von
Calvin Hollywood

---

8. Januar 2007 – Ich sitze in meiner Soldaten-Uniform am Küchentisch und unterhalte mich mit meiner Frau. Sie geht kurz weg und kommt mit einer Videokamera wieder! „Schatz, sag das nochmal", sagt sie. Diese Videobotschaft richtete sich an unsere beiden Kinder, die damals 6 Monate alt waren. Ich kündigte an, mal ein erfolgreicher Fotograf zu werden, der viel Geld verdient! Du findest das Video hier auf meinem YouTube-Kanal:

www.digitalbeat.de/calvin-youtube

6 Jahre später habe ich dieses Video meinen Kindern zum ersten Mal gezeigt. 11 Jahre später bin ich Unternehmer mit 7 Mitarbeitern und lebe einen Traum. Weil ich so verdammt clever bin? Nein. Weil ich so verdammt gut aussehe? Leider auch nicht! Meine Frau meinte mal zu mir, dass sie niemanden kennt, der eine solche Disziplin hat, wie ich sie habe! Ich habe mich gefragt, was Disziplin überhaupt ist und wie man sie bekommt. Was sind die Zutaten fürs MACHEN?

Wenn ihr mich fragt, gibt es drei Hauptzutaten:

1. Organisation
2. Vorbilder / Mentoren
3. Wissen

„WER WILL, DER KANN!"

Organisation

Ich treffe immer wieder Menschen, welche sich von der Zeit kontrollieren lassen. Sie leben in den Tag hinein und hoffen, dass das Richtige passiert. NEIN! Du solltest deine Zeit kontrollieren.

Wie lange willst du was machen? Sei organisiert und arbeite mit Deadlines. Frage dich dann, wie du dein Vorhaben in der jeweiligen Zeit schaffst. Das ist der erste Schritt!

Falls du es nicht schaffst, die Zeiten einzuhalten, frage dich wer oder was dir dabei helfen kann. Lass uns zuerst über das „Wer" reden.

Vorbilder / Mentoren

Das was du vorhast, hat schonmal jemand durchgemacht und dabei viel gelernt. Willst du wissen, was diese Person gelernt hat und welche Fehler du nicht machen solltest? Dann frage diese Person! Und habe keine Angst auch mal ein Seminar zu besuchen oder Geld dafür auszugeben. Das sind keine Kosten, das ist eine Investition. Geheimtipp: Suche dir auch Vorbilder und Mentoren aus anderen Branchen. ;-)

Wissen

Manchmal steht man wie ein Vollidiot vor einer Aufgabe und kommt nicht weiter, da einfach zu wenig Wissen vorhanden ist. Ich könnte mich jede Stunde darüber freuen, in welch geiler Zeit wir leben. In wenigen Minuten hast du Zugriff auf wertvolles Wissen und Bücher sind sogar für Studenten und Schüler finanzierbar. Meiner Meinung nach sollte ein Buch mindestens dreistellig Kosten, dann würde man es viel intensiver lesen.

Mein Tipp: Lese jeden Tag mindestens 30 Minuten und höre nicht damit auf. Alles was du brauchst, hat schon mal jemand aufgeschrieben.

Und hier kommen wir zu Thomas, dessen Bücher und Tipps ich verschlinge. Behandle dieses Wissen so, als wenn du dafür 5.000 Euro gezahlt hättest. Das Wissen wäre es nämlich wert! Bitte sei nicht so doof (sorry) und ignoriere diese Tipps, nur weil sie eventuell banal klingen.

Ich respektiere Thomas Lebensweg sehr. Auf einem Bauernhof aufgewachsen, veranstaltet er heute richtungsweisende Events im Bereich Online-Marketing mit tausenden von Teilnehmern. Seine Bücher verschenkt er überwiegend zu Selbstkostenpreisen, um so noch mehr Menschen unterstützen zu können. Auf über 200 Seiten bekommst du hier sowohl die "Basics" als auch echte Geheimtipps. Egal für wie erfolgreich du dich hältst, da ist noch Luft nach oben. Bis jetzt hast du alles richtig gemacht (du hältst das Buch in den Händen), jetzt auf keinen Fall aufhören.

Viel Spaß und Erfolg!

WER WILL, DER KANN

Calvin Hollywood

Vorwort

von
Thomas Klußmann

Ich sitze hier im ruhigen Örtchen Santa Eulària des Riu in der Rooftop Bar meines Hotels mit Blick auf Formentera. Mein erstes Mal auf Ibiza. Meine Wohnung in Köln habe ich währenddessen an Kolumbianer vermietet. Es ist 7:45 Uhr, normalerweise nicht meine Uhrzeit. Letzte Nacht konnte ich nicht gut schlafen. Mich plagte das Konzept dieses Buches. Und jetzt sitze ich hier und fange einfach an. *Just do it.*

Dieses Buch wird dich inspirieren, es soll dich motivieren. Es ist der Ausdruck meiner Hoffnung, dass du ein großartiges, erfülltes Leben haben wirst. Wenn du dieses Buch in den Händen hältst, wenn du diese Zeilen liest, dann bist du auf dem Weg dorthin schon ein Stückchen näher. Denn es kann der Beginn von einer großartigen Reise sein. Schau auf dein Handy und merke dir den heutigen Tag.

Der 3. Oktober 2005. Das war mein Tag, an dem sich alles änderte. Doch dazu später mehr. Genauso wie alle erfolgreichen Menschen, habe auch ich verschiedene Glaubenssätze. Und das Wichtigste hier einmal vorab – direkt und geradeaus: **Beweg deinen verdammten Arsch!**

In den letzten Jahren sind zehntausende Gründer, Gründungsinteressierte und Internet-Unternehmer durch meine Coachings und Seminare gegangen. Dazu zählen auch zahlreiche Studen-

---

„EINEN VORSPRUNG IM
LEBEN HAT, WER DA ANPACKT,
WO DIE ANDEREN ERST
EINMAL REDEN." *(John F. Kennedy)*

ten, die ich im Rahmen meiner Tätigkeit als Gast-Referent an der Fachhochschule der Wirtschaft in NRW sowie als Dozent des Transferinstituts der Steinbeis Hochschule Berlin begleiten durfte. Ich habe den Eindruck, ein großer Teil derer ist nur auf der Suche nach einer Wunderpille, die sie über Nacht reich macht. Ein roter Button, den sie nur drücken müssen und der sie dann reich und schön macht. Ein solcher roter Button, wie ihn die meisten leider von „Das Supertalent – Die Talent-Show bei RTL" kennen.

„Leider" sage ich, weil solche TV-Shows pure Zeitverschwendung sind! Generell ist der Konsum von TV- und Netflix pure Zeitverschwendung, zumindest in 99 % der Fälle. Sei doch mal ganz ehrlich und überlege, wie viel näher du deinen Zielen und Träumen schon gekommen wärest, wenn du jede Stunde, die du in TV- und Netflix gesteckt hättest, in die Verwirklichung deiner Ziele und Träume investiert hättest.

Manche mögen jetzt entgegnen, dass sie das TV brauchen, um vom Alltag abzuschalten, zu entspannen. Was ein Quatsch! Wenn du von etwas abschalten musst, dann gibt es viel sinnvollere Alternativen, z. B. Sport, Yoga, Lesen oder Meditation. Oder noch besser: Behebe die Ursache, warum du überhaupt das Gefühl hast, von irgendetwas abschalten zu müssen.

Ich bin ein Zahlenfreak. Sorry. Bitte schau dir das hier mal an:

Laut AGF/GfK/Statista.com liegt der durchschnittliche Fernsehkonsum bei 252 Minuten pro Tag! Das sind über 4 Stunden täglicher Fernsehkonsum! Und da insbesondere die 3- bis 20-Jährigen diesen Schnitt nach unten drücken, ist der durchschnittliche Fernsehkonsum der Leser dieses Buches vermutlich noch höher! Aber immerhin liest du dieses Buch – Gott sei Dank!

Verdammte Scheisse! Über 4 Stunden am Tag im Durchschnitt! Ich mag denjenigen zurufen: "Leute, bitte wacht auf!" Angenommen du wärest Selbstständiger mit einem Stundensatz von 50 €. Statt dein wertvollstes Gut, deine Lebenszeit, mit TV gucken zu verschwenden, nutzt du 50 % dieser Zeit zum Arbeiten, 25 % für Sport und 25 % zum Lesen. Du würdest pro Jahr etwa 38.000 €

Fernsehkonsum:
Tägliche Sehdauer der Deutschen in Minuten nach Altersgruppen

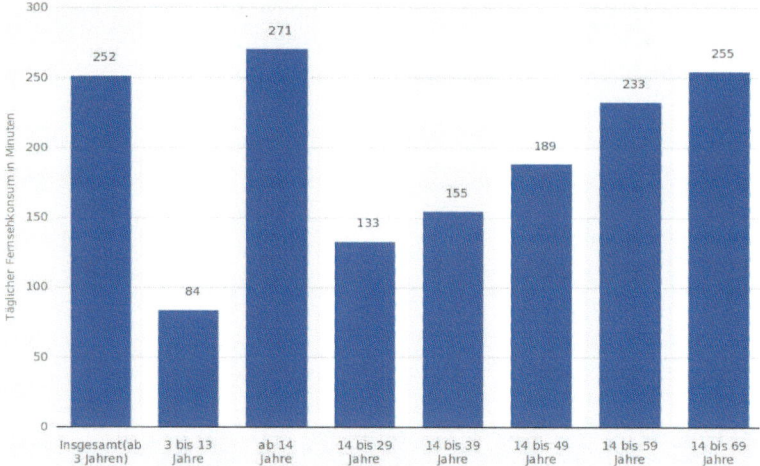

Abbildung 1: Fernsehkonsum: Tägliche Sehdauer der Deutschen in Minuten nach Altersgruppen Quelle: AGF; GfK; © Statista.com

mehr verdienen, etwa 220.000 kcal durch langsames Joggen verbrennen und etwa 52 Bücher mehr lesen (und etwa noch mal so viele Bücher als Hörbuch beim Sport hören können).

Welchen Effekt hätte das auf dein Leben? Was für einen massiven Impact auf deine Wünsche, Ziele, Träume, Gesundheit, Erfolg, Wissen und Beziehungen? In meinem beliebten Kurs „Die Ninja-Rente" beschreibe ich, wie dich ein Starbucks Kaffee am Tag 100.000 € im gesamten Leben kosten wird! Schau dir das bitte einmal an, wenn du hier tiefer in die Thematik einsteigen willst. Bitte nimm an dieser Stelle mit: **Werde dir bewusst, welchen extrem langfristigen Effekt alle Gewohnheiten und Routinen in deinem Leben haben.**

Beweg deinen verdammten Arsch! Dieser starken Überzeugung bin ich auch vielleicht, weil ich mir alles in meinem Leben selber erarbeiten musste. Doch dazu mehr im nächsten Kapitel. Jeder ist seines Glückes Schmied!

Außerdem möchte ich dir in diesem Buch private Einblicke in mein Leben geben, sodass du auch direkt von meinen Fehlern lernen kannst. Vor allem in der ersten Hälfte des Buches. Bitte schreib mir eine Mail, was dieses Buch bei dir bewegt hat. Oder folge mir auf Instagram, um weitere private Einblicke in mein Leben zu erhalten.

Dieses soll kein "Business-Buch" werden, wie du als Unternehmer oder Gründer erfolgreich wirst. Aber natürlich soll es dich als "Privatperson" erfolgreich machen. Da es hier viele Schnittmengen gibt - und auch viele meiner Leser Unternehmer oder Gründer sein werden, wird es natürlich immer wieder Beispiele aus dem Business-Bereich geben. Als Unternehmer, ehemaliger Arbeitnehmer, Dozent und Marathonläufer kann ich dir aber versichern, dass die meisten Strategien und Beispiele dieses Buches auf fast alle Lebensbereiche übertragbar sind.

Dieses Buch ist Teil unserer "Erfolg im Blut"-Reihe, wozu neben unseren Eventformaten "Erfolgskongress" und "Gipfeltreffen" auch unsere Charity-Aktion zugunsten der Kinderhospiz Regenbogenland in Düsseldorf zählt, welche wir seit 2017 unterstützen.

In jedem Fall wünsche dir viel Spaß beim Durcharbeiten dieses Buches. Und bitte versprich mir eins: **Starte heute die Mission deines Lebens. Gestalte dein Leben aktiv. So, dass es für dich perfekt ist und du stolz sowie zufrieden darauf zurückblicken kannst.**

> *„Wenn du dein Hier und Jetzt unerträglich findest und es dich unglücklich macht, dann gibt es drei Möglichkeiten: Verlasse die Situation, verändere sie oder akzeptiere sie ganz. Wenn du Verantwortung für dein Leben übernehmen willst, dann musst du eine dieser drei Möglichkeiten wählen, und du musst die Wahl jetzt treffen." - Eckhart Tolle*

1

Vom Bauernhof zum Internet-Unternehmer

20 Minuten später und ich wäre am gleichen Tag geboren wie meine geliebte Schwester. Ich bin auf einem Bauernhof aufgewachsen. Unser Dorf hat 35 Häuser. Ich weiß, wie das ist, wenn morgens das Licht nicht angeht, weil der Strom fehlt. Wie das ist, wenn die Heizung nicht anspringt, weil der Heizöltank leer ist. Gefühlt hatte ich als Letzter in Deutschland die Möglichkeit, einen DSL-Internetanschluss zu bestellen.

Ich musste nie Hunger leiden und bin unendlich dankbar für die Unterstützung, die ich durch meine Mutter und meine beiden älteren Geschwister während meiner Kindheit und Jugend erhalten habe. Mein Vater verstarb als ich 11 Jahre alt war. In den letzten 24 Jahren war ich nur einmal an seinem Grab. Um meinen Frieden zu schließen. Mehr hatten wir uns nicht zu sagen.

Es ist nicht immer alles einfach im Leben. Das Leben ist eine große Herausforderung. Alles, was ich in meinem Leben erreicht habe oder erreichen wollte, musste ich mir selber erarbeiten. Mir ist da nichts zugefallen und wirkliche Förderer kamen erst sehr spät dazu.

Was ich dir damit sagen will: Egal wo du jetzt stehst, du kannst und wirst deine Ziele und Träume verwirklichen – wenn du wirklich willst! Es liegt in deiner Hand. Aber: Beweg deinen verdammten Arsch!

Keiner in meiner Familie hat zuvor Abitur gemacht, so begann auch ich mit der Realschule. Versetzungsgefährdet in der achten Klasse, ging ich dann meinen Weg bis zum Abitur. Niemand in meiner Familie hat zuvor studiert. Ich begann mein Studium erst mit 25 Jahren. Ein Alter, in dem viele schon ihren Masterabschluss in der Tasche haben. Der Gesichtsausdruck meiner Mutter, als ich ihr sagte, ich würde meine unbefristete und sichere Festanstellung kündigen, um ein Studium zu beginnen, war von Angst geprägt.

Ich kann das verstehen. Eltern möchten ihre Kinder meistens erstmal in Sicherheit wissen. Doch rückblickend betrachtet, war es die vielleicht wichtigste und beste Entscheidung in meinem Leben; getrieben von Mut, Hoffnung und der Neugier, die Welt zu erkunden. Das war 2 Jahre nach dem 3. Oktober 2005 und 2 Jahre vor meinen Reisen nach Indien und Australien.

Weitere Details zu meinem Lebensweg kitzelte mein engster Weggefährte, Geschäftspartner und Freund Christoph Schreiber in einem Podcast-Interview aus mir heraus, welches du dir hier ansehen und anhören kannst:

www.digitalbeat.de/thomas-podcast-interview

Bis 2010 hatte ich niemanden in meinem Umfeld, der meine persönlichen Stärken erkannte und förderte. Bis 2005 hatte ich nicht mal das Bewusstsein, dass es so etwas wie Persönlichkeitsentwicklung, Selbstverwirklichung oder einen Tellerrand gibt.

Der Tag an dem sich alles änderte

Rückblickend betrachtet haben wir alle in unserem Leben den Tag, an dem sich alles änderte. Normalerweise sind es sogar mehrere Tage. Das Sicherste im Leben ist die Veränderung. Alles wird sich früher oder später ändern.

Von meiner besten Freundin Anna erhielt ich 2008 eine sehr schöne Geschichte, die zugleich auch traurig und nachdenklich macht: „Der Zug des Lebens". Diese Geschichte vergleicht das Leben mit einer Zugfahrt. Sie spricht einem aber auch Mut zu. Wenn du die Geschichte noch nicht kennst, solltest du sie dir jetzt hier bei YouTube ansehen:

www.digitalbeat.de/zugdeslebens

Es ist also klar, dass Veränderungen in unserem Leben passieren. Das war immer so – und wird immer so bleiben. Veränderungen wie z. B. der Tod eines Familienangehörigen (oder ein neugeborenes Kind), der Verlust eines Jobs (oder ein neuer Job), die Trennung von einem Partner (oder ein neuer Partner), ein Umzug in eine andere Stadt etc.

Der Unterschied ist nur, dass es Veränderungen im Leben gibt, die wir nicht beeinflussen können – und dass es Veränderungen gibt, die wir ganz bewusst beeinflussen können. Du hältst immer noch dieses Buch in den Händen und willst ganz offensichtlich etwas zum Positiven ändern.

Was ich nicht in meinem Leben beeinflussen konnte, war logischerweise mein Geburtsort. Dass ich auf einem Bauernhof aufwuchs, dass mein Vater früh verstarb. Manchmal gibst du alles im Leben, z. B. um deinen Job zu retten oder eine Beziehung zu einer Person, die du über alles liebst. Manchmal reicht es nicht alles zu geben und du bist gezwungen mit der Veränderung zu leben. Das ist der Zug des Lebens.

Wir können nicht jedes Ereignis in unserem Leben kontrollieren, aber wir können beeinflussen, was wir mit Bezug auf diese Ereignisse glauben, fühlen und denken!

Wir können Veränderungen aber auch bewusst herbeiführen und beeinflussen. Ein Studium zu beginnen, eine Weltreise zu machen, eine Firma zu gründen, nach Köln umzuziehen – das waren alles bewusste Entscheidungen von mir, die nachhaltig mein Leben positiv verändert haben.

Doch es gab einen Tag in meinem Leben, an dem der Stein ins Rollen kam. Hier ein Zitat aus meinem privaten Facebook-Profil vom 21. November 2016:

Am 3. Oktober 2005 bestellte ich ein Buch, welches ich während meines Gran Canaria Urlaubes „verschlang". Rückblickend betrachtet, war es dieses Buch, das mich zu einem erfolgshungrigen Lebenswandel inspirierte. Infolgedessen beendete ich meine Ausbildung, kündigte meinen Job, begann ein Studium und gründete 7 Unternehmen (wovon 2 wieder verkauft wurden).

Die Rede ist von „simplify your life: Einfacher und glücklicher leben" von Werner Tiki Küstenmacher und Prof. Dr. Lothar J. Seiwert. Und danach lebe ich noch heute. Danke an diejenigen, die ein ehrlicher Bestandteil davon sind.

Vor 30 Minuten, über 11 Jahre nachdem ich das Buch gelesen hatte, bekam ich die Zusage, dass Prof. Seiwert auf meiner Konferenz sprechen wird. Nicht weil wir ihm dafür Geld zahlen, sondern weil er Lust darauf hat.

Es ist nicht das Geld, es sind nicht teure Klamotten oder Autos. Es sind solche Momente, die mein Herz schlagen lassen – und mir Freudentränen ins Gesicht zaubern.

Gib immer 100 %. Für deine Träume. Für dein Leben.

Am 14. Januar 2017 durfte ich mich dann persönlich bei Prof. Seiwert dafür bedanken, als er auf unserer Konferenz „Gipfeltreffen" als Referent auftrat. Unglücklicherweise war dies zugleich der 30. Geburtstag meiner besten Freundin Anna, den ich dafür verpasste.

Was dieses Buch bei mir in Gang setzte, war eine phantastische Reise mit unfassbar vielen Erfahrungen. Bitte versteh mich nicht falsch, der Weg war holprig und steinig. Doch ich möchte dir Mut zusprechen.

Mir bedeutete es sehr viel, mich persönlich bei Prof. Seiwert zu bedanken, dass er bei mir den Stein ins Rollen gebracht hat. Auch wenn es "nur" sein Buch war, aber der 3. Oktober 2005 war der Tag, an dem sich alles änderte. Daher bin ich auch sehr glücklich, dass er sich bereit erklärt hat, einen Gastbeitrag für dieses Buch zur Verfügung zu stellen: „Wer für seine Erfolge nicht selbst sorgt, hat sie nicht verdient." Du findest seinen Beitrag in Kapitel 4.

Erfolg kommt nicht über Nacht! Es dauerte nach dem Buch 2 Jahre bis ich meinen Job kündigte, 5 Jahre bis ich meine erste Firma gründete und 8 Jahre bis ich meinen Sinn des Lebens fand. Und 4.270 Tage, bis ich da im Leben stand, wovon ich immer geträumt hatte.

Die meisten Menschen überschätzen, was sie in einer Woche oder einem Monat schaffen können, aber sie unterschätzen meistens, was in einem längeren Zeitraum von mehr als einem Jahr möglich ist. Eine dieser Veränderungen, die ich selber herbeiführte, war die Kündigung meines Marketing-Jobs als Festanstellung in einem soliden mittelständischen Unternehmen, um ein duales BWL-Studium zu beginnen.

Thomas Klußmann

Sinn und Unsinn meines 27.000 € -Studiums

2007 begann ich mein Studium in Business Administration und Vertriebsmanagement in Paderborn, welches ich 2010 mit der Note 1,9 abschloss. Das war der Moment, auf den ich mich davor immer gefreut hatte: Ab diesem Punkt musste ich nie wieder mein miserables Abiturzeugnis vorlegen, da ich ja mein Bachelor Zeugnis hatte. Und ich schrieb dutzende Bewerbungen nach meinem Abitur (um eine Ausbildung zu bekommen) und während des Studiums (um Praktika zu bekommen). Ironischerweise habe ich mein Bachelor-Zeugnis bisher nie jemandem vorlegen müssen.

Das Studium war vom Inhalt her komplett wertlos für mich. Dazu betrugen die Studiengebühren knapp 27.000 €. Doch ich konnte abseits der Vorlesungen vier wichtige Erkenntnisse gewinnen, welche mein Leben verändern sollten:

1) Ehemalige Kommilitonen:

Bei einem Treffen unter ehemaligen Kommilitonen wurde deutlich, worauf diese scheinbar besonders Wert legen: Viele Mitarbeiter unter sich und einen möglichst fetten Dienstwagen. Ein Audi A6 musste es da schon sein. Mir hingegen ist es wichtig, mein eigener Chef zu sein, mich selbst zu verwirklichen und möglichst viele Menschen damit zu unterstützen.

Man sei der Durchschnitt der 5 Menschen, mit denen man sich die meiste Zeit umgibt. Diesem Spruch messe ich eine hohe Bedeutung bei. Kein Wunder, dass ich keinen Kontakt mehr zu meinen Kommilitonen habe. Ich halte diesen Punkt für so wichtig, dass ich ihm ein eigenes Kapitel gewidmet habe (Kapitel 2).

Um einen Schritt weiter zu gehen: Nur wenige Menschen aus meiner „Vergangenheit" sind heute noch Teil meiner „Gegenwart". Aber die Menschen die es sind, schätze ich dafür umso mehr. Danke an alle, die das hier lesen und ein Teil davon sind.

Ihr bedeutet für mich die Welt.

2) Erfahrungen und Praktika:

Vor und während des Studiums machte ich u. a. Praktika für 7 verschiedene Unternehmen. Ich wusste danach zumindest ziemlich genau, was ich nicht wollte. Bringt es einen weiter zu wissen, was man nicht will? Ich finde schon. Zumindest bis zu einem gewissen Punkt.

3) Persönlicher Mentor:

Als ich 2010 Prof. Dr. Oliver Pott kennenlernte, war mir nicht bewusst, was ein „Mentor" ist. Doch ich hatte das große Glück, mit ihm meinen ersten wirklichen Förderer kennenzulernen, von dem ich in Rekordgeschwindigkeit lernte, was es bedarf, um ein erfolgreicher Internet-Unternehmer zu sein. Doch dazu mehr im nächsten Kapitel.

4) Indien & Australien:

Aus meiner Kindheit kannte ich die Ostsee. Das Örtchen „Dahme" kenne ich blind auswendig. Über ein dutzend Mal war ich dort. Jahr für Jahr. Die Türkei und Gran Canaria waren die Grenzen meines Horizontes bis Oktober 2009. Doch mein Studium ermöglichte mir erstmals eine Studienexkursion nach Indien. Wie sehr diese Exkursion mein Leben verändern würde, wurde mir erst 2013 bewusst – doch dazu ausführlicher in den nächsten Kapiteln.

Mein Studium ermöglichte mir auch einen Auslandsaufenthalt in Australien. Ich liebe Australien. Es hat mein Leben verändert. Ich war dort im November/Dezember 2009 und im Rahmen meiner Weltreise 2014. Wenn man Menschen fragt, welche Orte sie auf der Welt am meisten „lieben", dann ist die Antwort meistens immer verbunden mit einer Emotion als Grund.

Meine klare Nummer eins ist Australien. Dieses Gefühl im November 2009 in Sydney aus dem Flugzeug zu steigen und seinen

Fuß auf ein Stück Land zu setzen, welches sich ziemlich genau auf der anderen Seite der Weltkugel befindet, lässt mich noch heute erzittern. In Sydney habe ich wundervolle Menschen kennengelernt. Deshalb ist Sydney meine #1.

Melbourne ist ebenfalls eine australische Metropole. Aber ich habe damit keine emotionale Verbindung, habe dort niemand Besonderen kennengelernt. Eher im Gegenteil: Aus Kostengründen übernachtete ich damals in Hostels und mit mir im Zimmer schlief ein Australier, der nachts um 3 Uhr zu Gott betete, schnarchte wie ein Mähdrescher und mir am nächsten Morgen erklärte, dass die Welt untergehen wird. Leider habe ich mir nicht gemerkt, in welchem Jahr das passieren soll.

Doch im November 2009 in Melbourne fasste ich den Entschluss zu dem Leben, das ich heute lebe. Von den Eindrücken in Australien war ich so unfassbar inspiriert und motiviert. Ich wollte mein Leben weiter planen und selbst in die Hand nehmen. Und ich tat es auch. Bitte übernimm auch du Verantwortung für dein Leben! Nimm es in die Hand und mache ein Meisterwerk daraus.

The Winner's Bible

Ich weiß noch genau, wie ich in einer Buchhandlung stand und mir das Buch „The Winner's Bible" kaufte. Ich habe es nie gelesen und nur wegen dem Titel gekauft. Dazu kaufte ich mir einen leeren Block sowie einen Kugelschreiber. Ich setzte mich zum Sonnenuntergang an das Flussufer des Yarra Rivers in Melbourne und schrieb alle Gedanken auf, die mir durch den Kopf schossen. Wer ich bin, was ich will, was ich nicht will, was ich kann, wohin ich möchte. Ich suchte Antworten auf alle Fragen.

Jahre später wurde mir klar: Ich hatte alle Antworten! Mir fehlten jedoch noch die wichtigsten Fragen. Unter anderem die Fragen nach dem „Warum?" und „Mit wem?". Doch die Antworten auf die Fragen, die ich hatte, halfen mir weiter. Wie ich später lernte – und dir hier mitgeben möchte – geht es im Leben nicht primär darum, die richtigen Antworten zu finden. Erstmal ist es wichtig, die richtigen Fragen zu stellen.

Eine zentrale Erkenntnis: Ich hatte die Selbsteinschätzung, dass ich extrem schlecht intrinsisch, also von innen heraus, motiviert sei und damit denkbar schlecht für das Berufsleben als Selbstständiger oder Gründer gemacht sei. Ich fand heraus, dass das kompletter Unfug war. Ich hatte wenig intrinsische Motivation und keine Disziplin für Dinge, die mir keine Freude bereiteten, dessen Sinn ich nicht erkannte, die mir von anderen aufgetragen wurden, wie z. B. jede Woche (statt jede zweite Woche) den Rasen zu mähen, für Klausuren zu lernen oder das Zimmer aufzuräumen.

Doch wenn mich etwas begeisterte, dann war ich großartig darin. Ich übernahm 2003 mit 21 Jahren die Verwaltung von unserem land- und forstwirtschaftlichen Betrieb inkl. der Eigenjagd, welchen uns mein Vater hinterlassen hatte. Ich war z. B. grandios schlecht darin, mich um die Instandhaltung der Flächen außerhalb des Hauses zu kümmern (Gott sei Dank eine Stärke meiner Mutter), aber ich war grandios darin, mich um die ganze Buchführung und den bürokratischen Wahnsinn zu kümmern. Ich erfasste jeden Euro, der dem Firmenkonto zu- oder abfloss in einer Excel-Tabelle. Selbst auf meinem Privatkonto erfasste ich jeden Euro. Ich erstellte Statistiken, Cashflow-Übersichten, optimierte Einnahmen und Ausgaben.

Zurück zum Ufer des Yarra Rivers in Melbourne. Ich war im vorletzten Semester meines BWL-Studiums, meine berufliche Zukunft stand bevor. Doch ich fasste den Entschluss, nicht als Lohnsklave nach meinem Studium für ein großes Unternehmen als Konzernsoldat in den Krieg zu ziehen, um an Stammtischen mit meinem geilen Dienstwagen prahlen zu können. Ich wollte etwas gründen, hatte jedoch keine Ahnung was, aber ich wollte etwas eigenes aufbauen.

Mich faszinierte schon immer die Herausforderung. Warum sonst übernimmt man mit 21 Jahren die Verwaltung von einem land- und forstwirtschaftlichen Betrieb? Noch heute ist mein Leben durch Herausforderungen geprägt. Manchmal bin ich mir nicht sicher, ob das eine gute Eigenschaft ist. Aber eine solche Motivation bringt dich zum Starten. Durchhaltevermögen ist anschließend das Thema – aber darüber sprechen wir später noch separat.

„NICHTS ÄNDERT SICH,
BIS MAN SICH SELBST ÄNDERT.
UND PLÖTZLICH ÄNDERT
SICH ALLES."

Das Ende meiner Poker-Karriere

Am 19. Dezember 2009 beendete ich meine Poker-Karriere auf dem Höhepunkt. Von April 2007 bis zu diesem Tag spielte ich semiprofessionell Online-Poker, um mir damit mein Studium zu finanzieren. Zusätzlich reichte es noch für ein neues Auto, einen Audi A3. Für die Insider unter euch: Ich spielte NL100 ShortHanded, bis zu 10 Tische gleichzeitig.

Mitte Dezember war ich zu Gast bei Freunden in Adelaide (Australien). Wir gingen einige Abende ins Casino. Das war in Adelaide besonders profitabel, weil das Casino dort einen direkten Zugang zum Restaurant, einer Bar und einer Diskothek hatte. Anders ausgedrückt: Viele Angetrunkene hatten einfachen Zugang zu den Pokertischen, um dort aus purer Freude 100 $ zu verzocken.

Ich zockte aber nicht, ich hatte mein System. Ich saß dort 11 Stunden am Tisch, trank Unmengen an Cola und wartete, dass man das Geld zu mir rüber schob. Um 5 Uhr morgens schloss das Casino. Meine Bahn fuhr erst um 7 Uhr. Also hatte ich 2 Stunden zum Überbrücken und feierte den Gewinn auf meine Art: Ich gönnte mir 2 McFlurry bei McDonalds. Und kaufte mir anschließend für 2,90 $ ein Bahnticket, statt den Heimweg "standesgemäß" mit dem Taxi anzutreten.

Ich hatte in dieser Nacht mehr Geld mit Poker gewonnen, als mein 6-wöchiger Australientrip insgesamt gekostet hatte. Das war ein guter Schlusspunkt meiner "Poker-Karriere". Ich musste ihn setzen. Zum einen weil der Pokerhype (der das profitable Geld brachte) fast vorbei war, zum anderen, weil ich meinen persönlichen Fokus brauchte, um meine kurz zuvor in Melbourne gesetzten Ziele zu realisieren. Fokus ist ohnehin etwas extrem Wichtiges - auch darüber werden wir später noch mal ausführlich sprechen.

Poker ist nichts, was sonderlich attraktiv auf Frauen wirkt. Aber es hat mich vieles gelehrt. Unter anderem, mich selbst zu beherrschen, aber auch Emotionen zu unterdrücken. Letzteres ist nicht unbedingt eine positive Eigenschaft, aber es hat mir erste Einblicke in die Psychologie der Menschen gegeben. Und mir gezeigt, wie man mit Verlusten und Rückschlägen umgehen sollte:

Beispiel: Beim Pokern ist kurzfristig vieles vom Glück abhängig. Langfristig ist es pures Können. In 53 % der Fälle gewinne ich, in 47 % der Fälle verliere ich. Vereinfacht ausgedrückt: In einem Monat gab es etwa 16 Tage, an denen ich 500 $ gewonnen habe und etwa 14 Tage, an denen ich 500 $ verloren habe. Dazu kommt meist noch ein Bonus fürs viele Spielen vom Casino in Höhe von 1000 $ pro Monat. Unterm Strich standen (vereinfacht) 2.000 $ Gewinn. Aber psychologisch wirken Verluste doppelt so stark wie Gewinne. Gefühlt habe ich also an 16 Tagen gewonnen und an 28 Tagen verloren. 2.000 $ Monatsgewinn fühlten sich also wie eine riesen Niederlage an. Es ist nicht so einfach, damit richtig umzugehen.

Am 24. Dezember flog ich zurück aus dem australischen Sommer in den deutschen Winter. Um den Koffer schließen zu können, hatte ich 6 Wochen zuvor meine Jacke neben einer Mülltonne am Frankfurter Flughafen deponiert. Die war dann allerdings nicht mehr da. +35 Grad in Adelaide (Australien), -3 Grad in Frankfurt. Braungebrannt und mit 2 Pullovern übereinander stand ich ziemlich dämlich am Bahnhof, war dann aber glücklich und pünktlich zum Weihnachtsfest bei meiner Familie.

Die darauffolgenden Wochen waren nicht einfach für meine engsten Freunde, da ich zu jeder Gelegenheit über Geschäftsideen diskutieren und philosophieren wollte. Es brauchte über ein Jahr, bis ich merkte, dass es total sinnlos ist, mit Menschen über Geschäftsideen zu diskutieren, die selber nie ein Startup aufgebaut haben. Diesen Tipp solltest du beherzigen, wenn du jemals etwas aufbauen willst.

Auf der Startlinie: Mein erster Gewerbeantrag

Meinen Gewerbeantrag stellte ich am 15.01.2010. Genau 3 Wochen nachdem ich aus Australien zurück war. Damals entschloss ich mich, einen Online-Shop für Uhren aufzubauen. Der Markt sei Milliarden groß. Wie dumm diese Idee war, merkte ich erst später. Aber ich sammelte wertvolle Erfahrung. Meine erste Uhr besaß ich übrigens erst 2013, also 3 Jahre nachdem ich meinen Uhrenshop gründete bzw. 2,5 Jahre nachdem ich ihn wieder plattgemacht hatte – soweit war ich von der Thematik „Uhren" inhaltlich entfernt.

Aber ich wollte etwas aufbauen, das war die Herausforderung, das war die Motivation dahinter. Danke an meinen Kumpel Stefan, der mir das erste und nachfolgende Layout für diesen Shop baute.

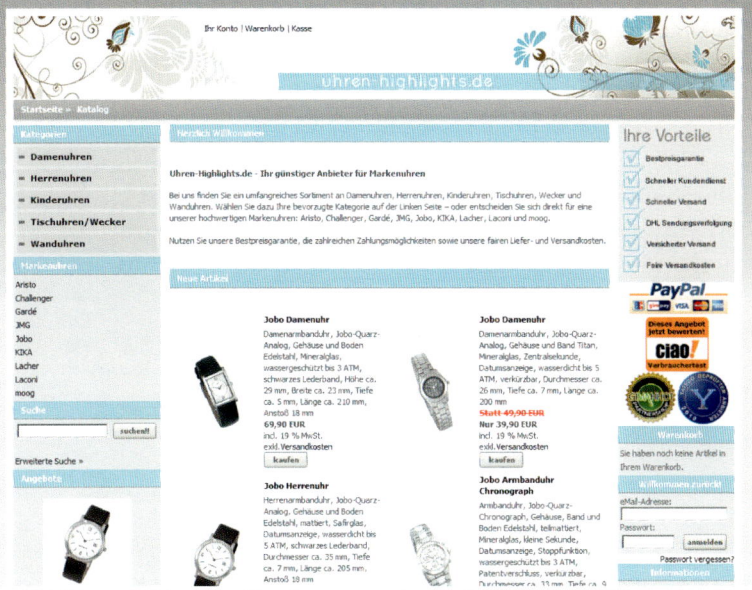

Abbildung 2: Die erste Version von meinem Online-Uhrenshop

Der Gewerbeantrag brachte später aus umsatzsteuerlicher Sicht meinen land- und forstwirtschaftlichen Betrieb in eine finanziell ungünstige Situation. Mein Steuerberater konnte den Schaden eingrenzen, doch das überstürzte schnelle Starten kostete mich einen niedrigen 4-stelligen Betrag. Rückblickend betrachtet war diese Erfahrung jedoch jeden Cent wert.

Den Uhren-Shop baute ich parallel zu meinem Studium auf. Ich saß in den Vorlesungen genauso wie meine Kommilitonen, nur dass sie der Vorlesung folgten (schließlich bezahlte Papa meist das Studium) oder Handyspiele spielten, während ich parallel Artikel in meinem Shop bearbeitete, Rechnungen schrieb oder Versandaufträge erteilte. Manche fanden das sonderbar, manche hatten sich daran gewöhnt – schließlich hatte ich schon 2008 während der Vorlesungen Online-Poker gespielt, um meine Studiengebühren zu finanzieren. Ja okay, das war wirklich sonderbar.

Der Shop war finanziell derart erfolglos, dass ich nicht mal meine Miete davon bezahlen konnte. Wenige hundert Euro blieben übrig. Doch er eröffnete mir eine neue Welt – und ich lernte darüber Prof. Dr. Oliver Pott kennen, der als Professor für Entrepreneurship meine Bachelorarbeit betreuen sollte.

Kurz zusammengefasst: Noch im April 2010 begann ich in Olivers Firma zu arbeiten (mein Studium ging noch bis September). Aufgrund meiner signifikanten Erfolgsbeteiligung dort, waren die paar hundert Euro von dem Online-Shop bald nur noch Peanuts – ich machte den Shop dicht und fokussierte mich auf meinen neuen Job.

2

Die Menschen in deinem persönlichen Umfeld

Du bist der Durchschnitt der fünf Menschen,
mit denen du die meiste Zeit verbringst

So sagt man. Ich glaube sehr an diese These, weil man sich bewusst oder unbewusst an diese Menschen anpasst.

Ich möchte ganz ehrlich zu dir sein: Ich habe in meinem Leben sehr bewusst Distanz zu Menschen aufgebaut oder mich von ihnen getrennt, weil es einfach nicht passte, da sie mich Energie gekostet haben. Sei es, weil sie unehrlich waren, unzuverlässig, eine grundsätzlich negative Einstellung hatten, es ständig Probleme gab oder mich verletzt haben. Teilweise waren die Interessen / Gesprächsthemen / Hobbies auch einfach zu unterschiedlich, sowohl privat als auch beruflich.

Ganz bewusst habe ich aber auch Nähe zu Menschen aufgebaut oder bestehende Beziehungen intensiviert, weil es zuverlässige Menschen waren, mit einer positiven Lebenseinstellung. Menschen, die mich nicht so einfach fallen lassen würden, die etwas bewegen wollen in ihrem Leben, die Farbe in mein Leben brachten. Keiner meiner Freunde schaut 4 Stunden Fernsehen am Tag.

Lektion 1: Erkenne und vermeide Energievampire!

Auf deinem Weg, deine Träume zu realisieren und Ziele zu erreichen, solltest du unbedingt sogenannte „Energievampire" meiden. Diese vergeuden deine Zeit, ziehen dich runter und oftmals tun sie alles, um dich von deinem Weg abzubringen.

Man darf denen das auch nicht grundsätzlich übel nehmen. Menschen, die dich aufhalten und versuchen dich von deinem „neuen unsicheren Weg" abzubringen, wollen dich beschützen und vor allem wollen sie dich nicht verlieren. Sie sind aber selber nicht bereit ihre Komfortzone zu verlassen.

Lektion 2: Positive Menschen inspirieren und motivieren dich!

Wer sind deine 5 Personen, mit denen du dich gerne umgeben möchtest? Wie würde sich dein Leben verändern, wenn du mehr so werden würdest, wie sie? Das passiert nicht von heute auf morgen! Und bitte versteh mich nicht falsch: Es geht hier nicht darum, dass du so wirst wie jemand anderes!

Aber wenn du erfolgreiche Personen an deiner Seite hast, die dich motivieren, die vielleicht schon das erreicht haben, was auch du erreichen möchtest, dann werden dich diese Personen unweigerlich „mitziehen". Schließe dich mit Gleichgesinnten zusammen.

Man kann bei Facebook Werbeanzeigen an die Freunde von den Menschen schalten, denen deine Seite gefällt. Warum gibt es diese Funktion überhaupt? Weil sie funktioniert! Und sie funktioniert, weil Menschen auf Basis der o. g. Erkenntnis oft so sind wie deren Freunde (= persönliches Umfeld). Sportler haben deshalb oft andere Sportler als Freunde. Unternehmer kennen oft andere Unternehmer. Ärzte kennen viele andere Ärzte.

Du wunderst dich über die vielen Stimmen bei der Bundestagswahl für die "AFD", weil du selber keinen/kaum einen AFD-Wähler kennst? Jetzt weißt du, warum das so ist.

Sei kein Egoist. Brich nicht den Kontakt zu Menschen ab, nur weil sie deinem Erfolg momentan nicht dienlich sind. So ist das hier nicht gemeint. Aber bedenke hier und da, welche langfristigen Auswirkungen dein persönliches Umfeld haben wird.

Im Folgenden möchte ich dir einige Menschen aus meinem eigenen Umfeld vorstellen. Die Reihenfolge ist zufällig und hat nichts mit deren Bedeutung oder Wertschätzung zutun.

Mach dich auf die Suche nach einem Mentor

In meinem Leben habe ich 3 Jahre für mein Abitur mit Schwerpunkt Wirtschaft gebraucht, 3 Jahre für meine Ausbildung zum Industriekaufmann und 3 Jahre für mein BWL-Studium. Im April 2010 begann ich meinen neuen Job unter Prof. Dr. Oliver Pott. Und ich hab dort in den ersten 3 Wochen wesentlich mehr gelernt, als in 3 Jahren Abitur, 3 Jahren Ausbildung und 3 Jahren Studium zusammen!

Damals wusste ich nicht, was ein Mentor ist. Aber mit Oliver hatte ich erstmals jemanden, der mich aktiv gefördert (und gefordert hat). Klar, ich war sein Mitarbeiter und er hatte einen persönlichen (finanziellen) Nutzen daraus – aber die etlichen anderen Chefs vor ihm, förderten mich nicht derart gezielt.

Ich durfte sehr eng mit ihm zusammenarbeiten. Die ersten Monate habe ich im Keller seines Wohnhauses gearbeitet (keine Sorge, es war ein luxuriös ausgebauter Keller) und habe dadurch unfassbar viel lernen dürfen. Ich durfte unzählige positive wie negative Erfahrungen machen, wofür ich ihm heute sehr dankbar bin.

In "Erfolgsbüchern" liest man immer wieder, dass man wichtige sowie ungeliebte Aufgaben als erstes am Tag erledigen sollte. Das kann soweit hoffentlich jeder nachvollziehen. Aber Hand aufs Herz. Wer steht morgens auf und macht als erstes die unbeliebtesten Aufgaben? Quasi niemand.

Olivers ungebremste Selbstdisziplin prägte mich. Er stand morgens um 6 Uhr auf und erledigte zuerst die Aufgaben, auf die er am wenigsten Lust hatte. Dieses Glücksgefühl so früh am Tag die unliebsamen Aufgaben erledigt zu haben nahm er mit, um anschließend seine wichtigsten Aufgaben zu erledigen. Ohne zu übertreiben: An einem Montag Mittag hatte er mehr erledigt, als die meisten Menschen in einer ganzen Woche. Bis heute habe ich niemanden kennengelernt, der derart effizient, diszipliniert und produktiv arbeitet wie Oliver.

Seine Firma Blitzbox war 2005 eine der ersten Software-Download-Plattformen Deutschlands. Schon nach 2 Jahren hatte Blitzbox über 4 Millionen € Umsatz erzielt – und wurde für mehrere Millionen Euro vom französischen, börsennotierten Avanquest-Konzern übernommen.

Oliver war vermutlich der größte Internet-Unternehmer, den das Paderborner Umland bis zu der Zeit hervorbrachte. Ich begann als Projektmanager im April 2010, wurde im August zum Geschäftsleiter befördert, baute ein Team mit einer Handvoll Leute auf und konnte als Angestellter im November – aufgrund meiner Erfolgsbeteiligung – zum ersten Mal ein 5-stelliges Gehalt kassieren.

Doch wenngleich ich sehr dankbar bin, so einen Menschen wie Oliver kennengelernt zu haben, so gab es doch auch Punkte an denen wir aneckten. Und wenn Geschäftsführer und Geschäftsleiter nicht die gleiche Richtung einschlagen wollen, dann gibt es unweigerlich Spannungen.

Es war ein Segen – denn genau zu diesem Zeitpunkt tat sich eine Chance auf.

Der Appell an dich ist, dass du dir aktiv jemanden suchst, der dich fördert, der dir zur Seite steht und der dich coacht. Das kann ein neuer Chef sein, muss es aber nicht.

Doch verwechsel das nicht – damit ist niemand gemeint, der deinen „Scheiß" macht. Niemand, der deine Probleme löst oder der dazu da ist, dass du deine negativen Emotionen bei ihm ablädst.

Die Gründung meiner ersten richtigen Firma

Oliver handelte früher mit Internet-Domains wie andere Immobiliengrundstücke. Er besaß die Domain www.gruender.de und ein Mitarbeiter von uns baute Kontakt zu einem befreundeten Gründerberater auf – Christoph Schreiber.

Die Idee und das Konzept Gründer.de gemeinsam aufzubauen waren schnell geschmiedet. Christoph und ich als operative Kraft, Oliver als strategischer Partner und dritter Gesellschafter. Kurz vor Weihnachten 2010 fassten wir den Entschluss zu gründen. Im Januar gründeten wir die GmbH und im Februar begann die operative Arbeit.

Es war übrigens extrem clever, eine Firma bzw. GmbH mit jemandem zu gründen, den man nicht mal einen Monat kannte und erst einmal vorher getroffen hatte. Vorsicht, Ironie! Doch Christoph und ich taten das, wir zogen voll durch und Gründer.de war von Beginn an ein riesen Erfolg.

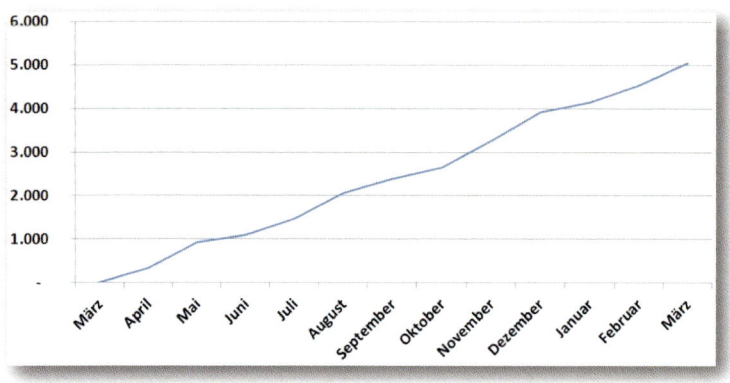

Abbildung 3: Gründer.de Bestelleingänge ab März 2011

Bereits 6 Monate nach der Gründung hatten wir über 100.000 Besucher auf unserer Webseite und über 2.000 Personen hatten ei-

Thomas Klußmann

nes unserer Coaching-Produkte gekauft. Im August 2011 wurde ich 29 Jahre alt. Ich hatte eine tolle Freundin und war unternehmerisch erfolgreich. Dieser Geburtstag zeichnete damals für mich den Höhepunkt meines bisherigen Lebens. Ich setzte mir an diesem Tag ein neues Ziel: die Erlangung völliger finanzieller Freiheit innerhalb der nächsten 12 Monate. Ob ich das erreicht habe, besprechen wir in Kapitel 3.

War dieser Höhepunkt der Lohn für meinen Mut? Nicht mal ein Jahr zuvor – ich erwähnte es eben – verdiente ich 5-stellig als Geschäftsleiter, kündigte meinen Job und startete von Null. Meine Mutter hatte damals Angst um Haus und Hof und ich war auf einer Welle, in der ich „unbesiegbar" schien – so sehr unterschieden sich die Sichtweisen.

Christoph und ich bauten das Business in Rekordgeschwindigkeit weiter aus. Wir flogen 2011 in die USA, um näher am Puls der Online-Welt zu sein. Ein fantastischer Trip auf den wir heute gerne zurückblicken – mit der Einschränkung, dass die Mücken mich deutlich lieber stachen als ihn.

Doch es kam dann ganz anders: Nach einem Jahr, im Januar 2012, zogen wir Bilanz. Wir schlossen das Jahr mit einem Umsatz von einer Drittel Millionen Euro ab. Wir waren darauf sehr stolz. Doch die immensen Werbeausgaben, die das Wachstum und den Umsatz finanzierten, drückten den Gewinn dramatisch nach unten.

Doch wir waren uns uneinig. Christoph und ich hatten unterschiedliche Ansichten über die weitere Entwicklung der Firma. Ich erspare euch die Details. Freundlich aber emotionslos trennte man sich. Oliver und ich kauften Christoph aus der Firma raus, ich machte operativ alleine weiter.

Der Exit von Christoph war für Oliver und mich damals richtig teuer, aber rückblickend betrachtet war es für alle Beteiligten die beste Entscheidung – auch finanziell. Die Wege trennten sich. Zunächst.

Christoph, der für Gründer.de sein Masterstudium pausierte, beendete dieses endlich. Und er lies es sich nicht nehmen, mich mal zu einem SC Paderborn Fußballspiel einzuladen. Diese Vorliebe teilten wir. Ich revanchierte mich mit gegrillten Steaks auf meiner Terasse, er sich wiederum mit Cocktails in Köln, woraufhin ich ihn zum Geburtstag einlud und er sich mit einer Gegeneinladung revangierte – wie in einer gescheiterten Beziehung, wo der eine nicht vom anderen lassen kann.

Manchmal muss man Menschen eine faire zweite Chance geben!

Und die gaben wir uns im Frühjahr 2013. Ich wollte mein eigenes Eventformat aufbauen und war zwar in der Lage Tickets an die Gründer.de-Kunden zu verkaufen, hatte jedoch keine Zeit das Event zu organisieren. Christoph übernahm die Organisation und baute die Webseite. Wir hatten einen 50/50 Deal und waren wieder im Geschäft. Die Conversion und Traffic Konferenz „Contra" wurde geboren (www.die-contra.de).

Nur durch einen Geniestreich war das erste Event überhaupt profitabel. Damals sagten wir uns, dass wir irgendwann in Zukunft mal verraten werden, wie wir das vollbracht haben. Also, freut euch schon mal auf mein nächstes Buch! :)

Der Contra folgte noch ein zweites Format, die „One Idea Mastermind" (www.oneidea.de).

Warum ich Christoph in Kapitel 1 als meinen engsten Weggefährten, Freund und Geschäftspartner bezeichnet habe – und warum er wichtiger Bestandteil meiner „Top 5" ist, wird spätestens hier jedem deutlich. Im Frühjahr 2014 stand die Planung der nächsten Contra an. Ich durchlebte jedoch gerade die Trennung von meiner Freundin und steckte in einer fetten Lebenskrise.

Das Letzte worauf ich Lust hatte, war ein unprofitables Projekt mit gigantischem Organisationsaufwand – wie die Contra. Ganz ehrlich, wegen mir wäre die Contra in diesem Jahr gestorben.

Doch Christoph war da, boxte die Contra in diesem Jahr fast im Alleingang durch. Er zog mich mit. Die Contra war ein Erfolg. Sie wuchs in den Folgejahren auf über 1.000 Teilnehmer.

Christoph wiederholte dieses Kunststück, als ich Weihnachten 2016 eine weitere Beziehung vermasselte und am Boden zerstört eine weitere Trennung durchmachte. Mit dem Erfolgskongress stand Mitte Januar Deutschlands größter Online-Kongress mit über 31.500 Teilnehmern vor der Tür. Das war mein Baby - und Christoph war da, um es zu retten. Der Erfolgskongress setzte damals neue Maßstäbe in Deutschland.

Christophs Whatsapp-Nachricht an mich, vom 23. Dezember 2016, als ich ihn über die Trennung informierte und sagte, dass ich in meine Heimat gefahren bin und nicht wüsste, wann ich zurück komme.

> *[...] Das tut mir Leid! [...] Kriegen dich schon wieder auf die Beine :) Nimm dir alle Zeit der Welt, die du brauchst. Und wenn ich irgendwas tun kann oder du quatschen willst, sag Bescheid. [...]*

Es ist so unglaublich wertvoll, zu wissen, dass man jederzeit auf die Menschen in seinem Umfeld zählen kann. Danke, Christoph! Manchmal muss man Menschen eine faire zweite Chance geben!

Lieber Leser, umgebe dich mit Menschen, die dich unterstützen, auf die du zählen kannst, wenns nicht so gut läuft und die dich weiter pushen, wenns richtig gut läuft. Das Leben ist keine Einbahnstraße. Und du brauchst Menschen die dich auffangen, wenn du fällst. Genauso wie du Menschen auffangen solltest, wenn sie fallen.

Aufgrund des Erfolges der Contra und der One Idea Mastermind gründeten Christoph und ich 2016 unsere zweite Firma, die One Idea GmbH (2017 in Digital Beat GmbH umbenannt). Die beiden Eventformate sind gemeinsam mit dem Erfolgskongress richtungsweisend in Deutschland geworden.

„HERAUSFORDERUNG: DAS UNMÖGLICHE IST OFT NUR DAS UNVERSUCHT GEBLIEBENE."

Bei Gründer.de übernahm ich 2015 die verbleibenden 49 %-Anteile von Oliver Pott für einen 6-stelligen Betrag. Dies geschah als Schlussfolgerung meines Umzuges von Paderborn nach Köln, was wiederum mein Fazit aus meiner Weltreise 2014 war. Im Mai 2017 kaufte dann Christoph wiederum 50 % der Anteile an Gründer.de. Sodass wir zu dem Zeitpunkt zwei Firmen mit je 50/50-Anteil besaßen.

Alle Hebel wurden auf Wachstum gestellt. Innerhalb weniger Monate vergrößerte sich infolgedessen unser Team und seit Ende 2017 ist die Digital Beat GmbH gemeinsam mit der Gründer.de GmbH die Heimat von rund 20 Mitarbeitern an unseren Standorten in Köln und Berlin.

Kein Erfolg ohne Pausen und ohne den richtigen Rückhalt

Wenn man durchs Leben geht, dann muss einem bewusst sein, dass es Rückschläge geben wird! Und wenn man etwas erreichen will, wenn man große Ziele hat, wenn man mit hoher Geschwindigkeit voranschreitet, wenn man etwas aufbaut – dann werden diese Rückschläge größer und heftiger.

Manchmal kann das Leben richtig fies sein. Teilweise ist es sogar ungerecht. Dessen musst du dir bewusst sein.

Jeder, der den Mut hat etwas aufzubauen, hat das Risiko, dass er damit scheitert. So geht es jedem Gründer. Der, der sich einem Problem stellt, der eine Herausforderung annimmt, geht das Risiko ein, dass er damit nicht zurecht kommt – zumindest nicht zum aktuellen Zeitpunkt.

Was ich dir zurufen möchte: **Wenn du etwas erreichen und aufbauen willst in deinem Leben, dann mach dich auf Rückschläge gefasst.** Sie werden kommen, früher oder später. Das hier ist kein Sprint, sondern ein Marathon.

ABER: Wenn diese Rückschläge kommen, dann lass dich nicht von ihnen aus der Bahn werfen! Klar sind sie hart, klar tun sie weh. Aber mach dir dann bewusst: Dass Rückschläge kommen, war dir von vornherein bekannt! Sie sind quasi Teil deines Plans gewesen.

Sieh sie als Prüfung. Sieh das Ganze als Herausforderung, als Spiel. Zieh dich ein wenig zurück, besinn dich auf deine Basis, atme tief durch. Gib dir ein wenig Ruhe, lass den ersten Sturm vorbeiziehen - und dann wird wieder voll angegriffen!

Mit „beweg deinen verdammten Arsch" meine ich nicht, dass du immer Vollgas geben sollst. Du darfst auch mal den Fuß vom Gaspedal nehmen, darfst auch mal einen Gang runter schalten.

Aber auf keinen Fall Stillstand. Und nach einer kurzen Phase der Besinnung wird wieder voll angegriffen!

Du kannst aber Maßnahmen treffen, die dich in solchen schlechten Phasen auffangen, die dir Rückhalt geben, die dich schneller ins Leben zurückbringen. Und das schaffst du durch die richtigen Menschen in deinem Umfeld!

Ich möchte dir an dieser Stelle meine beste Freundin Anna vorstellen. Ich widme ihr dieses Buch, weil sie die letzten 10 Jahre der wichtigste Rückhalt in meinem Leben war. Weil sie mich unzählige Male aufgefangen hat, weil sie immer für mich da war, wenn ich sie brauchte. Weil sie die Stärke besitzt, mir meine Fehler zu verzeihen.

Weil sie auch mal hart zu mir ist, mir ihre Meinung ungeschönt ins Gesicht sagt, da sie mein größtmögliches Vertrauen genießt.

Ich hoffe für dich, dass auch du so einen Anker des Rückhaltes in deinem Leben hast, wie Anna es für mich ist. Und falls nein, dann kennst du jetzt wahrscheinlich deine Schwachstelle, deine Achillesferse.

Bei Aktieninvestments achten viele darauf, in einer gut laufenden Zeit möglichst viele Gewinne zu machen. Aber wie gut die Gesamtrendite letztendlich ist, entscheidet sich eher darin, wie gut du durch die schlechten Zeiten kommst, dann, wenn die Börsen im Sinkflug sind. Genauso ist es auch im echten Leben.

Du kannst so schnell und erfolgreich wachsen wie du willst, irgendwann wird dich jemand zu Boden werfen. Und dann musst du wieder aufstehen. Am besten möglichst schnell und am besten gestärkt aus den Erfahrungen. Viele bleiben dann jedoch liegen.

Ich brauche einen Menschen wie Anna nicht, um von 1 Millionen € Umsatz auf 2 Millionen zu wachsen und auch nicht, um von 10 auf 20 Mitarbeiter zu wachsen. Aber wenn mein Leben wie ein Kartenhaus zusammenfällt, plötzlich nichts mehr Sinn ergibt und ich drohe alles zu verlieren, dann braucht es einen Menschen, der Größeres in dir bewirkt, als nur das Umsatzwachstum anzukurbeln.

Sei kein Egoist. Wenn du jemanden hast, der immer für dich da ist, wenn du ihn brauchst – dann bist du auch für ihn da, wenn er dich braucht! Punkt. Keine Diskussion. Kenne deine Prioritäten!

Wer mich seinen Freund nennen darf, der darf mich auch nachts um 3 Uhr anrufen. Den hole ich auch nachts um 5 Uhr besoffen vom Bahnhof ab. Ich würde für ihn sogar bis ans Ende der Welt fliegen. Vorzugsweise nach Australien. Im Fall von Anna war es zum Glück nur das Ennepetal. Das liegt am südlichen Rand des Ruhrgebiets in Nordrhein-Westfalen.

Anna, danke, dass du immer für mich da warst. Ich werde deine Unterstützung und all das, was wir die vergangenen 10 Jahre erlebt haben, niemals vergessen! Ich bin froh, einen so wertvollen Menschen wie dich in meinem Leben zu haben.

Hier mein „Geburtstagsständchen" für Anna zu ihrem 30. Geburtstag:

www.digitalbeat.de/anna30

Im Leben hängt alles irgendwie zusammen

Wie ich das hasse, wenn Menschen Privatleben und berufliche Karriere voneinander trennen. Es hängt doch ohnehin alles zusammen. Bin ich schlecht drauf im Job, bin ich vor und nach der Arbeit auch im Privatleben schlecht drauf. Hab ich eine Beziehungskrise, sinkt gleichzeitig meine Stimmung am Arbeitsplatz – und damit auch meine Produktivität.

Seit 2010 betreue ich jetzt schon Unternehmensgründer. Hunderte in persönlichen Coachings, Zehntausende durch unsere digitalen Kurse. In den vergangenen 7 Jahren habe ich hunderte E-Mails mit Feedback von Kunden gelesen. Kunden, die gescheitert sind und jene, die erfolgreich waren. Fast aus allen ist ein direkter Zusammenhang aus Privatleben und Business/Beruf herauszulesen.

Menschen, die erfolgreich gründen, sind meist auch im Privatleben auf einer guten Spur und andersrum. Oft befinden wir uns in einem Aufwärts- oder Abwärtsstrudel, das heißt das eine bedingt das andere positiv oder negativ.

Wenn es im Business bzw. Job gut läuft, ich Erfolge feiere, dann habe ich meist auch mehr (positive) Energie fürs Privatleben, wie Sport oder eine Beziehung. Wenn ich im Job Überstunden schiebe und dabei mies drauf bin, ist es nur noch eine Frage der Zeit, bis meine Beziehung zu meiner Partnerin in die Knie geht.

Ich kenne keine Studie, die ich jetzt zitieren könnte, aber ich vermute, dass diese gegenseitigen Zusammenhänge auch Auswirkungen auf die Gesundheit haben oder vielmehr haben müssen. Im Extremfall ein Burnout oder eine Depression. Ich kenne kaum Unternehmer, die erfolgreich sind und Spaß an dem haben, was sie machen und über eine hohe Quote an Krankheitstagen klagen. Im Umkehrschluss kenne ich reichlich Menschen, die frustriert im Job sind – und gleichzeitig ständig krank.

Wahrscheinlich führe ich das hier nur so ausführlich auf, weil ich mich diesbezüglich selber sehr genau beobachte: Wenn ich meine Umsatzentwicklung der letzten 7 Jahre anschaue und dort einzeichne, wann ich glücklich oder unglücklich war mit Bezug auf meinen jeweiligen Beziehungsstatus, dann gibt es da einen sehr deutlichen Zusammenhang: Glücklich in einer Beziehung oder glücklich als Single ist gleichzusetzen mit mehr Umsatz.

Mit Anna (im privaten Bereich), Oliver (im Business-Bereich) und Christoph (Business & privat) habe ich euch verschiedene Personen vorgestellt, die positiven Einfluss auf mich, mein Leben und mein Business haben.

2015 bis 2017 hat jedoch gezeigt, dass es zumindest bei mir noch eine weitere Ebene gibt. Ein Mensch ist in mein Leben getreten, der keine direkten Berührungspunkte zu meinem Business hatte, aber dennoch indirekt einen massiven Einfluss auf die sehr positive Entwicklung ausübte.

Ich bin großartig darin, das, was ich kann und kenne umzusetzen und bis zur Perfektion zu wiederholen. Im Gegenzug ist die Erkundung von Neuem eine meiner Schwachstellen. Und hier sind all jene Menschen besonders wertvoll, die Neues in mein Leben bringen.

Im Oktober 2015 durfte ich Julie kennenlernen. Ärztin, Gynäkologie. Ich wusste ungefähr nichts von ihrem Job. Und sie hatte keine Vorstellung davon, wer ich bin und was ich eigentlich den ganzen Tag so mache.

Beim Kennenlernen ist das meistens der Punkt, wo es entweder schnell sehr langweilig oder aber sehr spannend wird. Sie brachte etwas mit, das ich in dieser Intensität noch nicht kannte: Ehrliches und tiefgreifendes, wertschätzendes Interesse an dem, was ich eigentlich mache.

Zunächst war das eher nur überraschend und ungewöhnlich für mich. Doch was es unweigerlich in mir auslöste, war pure Motivation und Lebensfreude. Egal, was du im Leben erreichen willst,

Motivation ist der Treibstoff, ist die Energie. Und je mehr du davon verbrennen kannst, desto schneller und kraftvoller kommst du vorwärts.

Julie brachte Farbe in mein Leben. Einen ganzen Farbtopf hatte sie dabei. Ich stand auf Schlittschuhen, obwohl ich nicht Schlittschuhlaufen kann und ich nahm an einem Box-Camp in der Türkei teil. Eine Woche Training mit den deutschen Weltmeistern Ina Menzer und Kay Huste.

Eins kann ich dir sagen: Wenn deine Freundin mit Boxhandschuhen und voller Motivation auf dich losgeht, dann hast du deine Deckung oben! Die spannende Frage ist dann, ob du auch zurück schlägst. Ohnehin bin ich für die Gleichberechtigung zwischen Mann und Frau. Natürlich habe ich zurückgeschlagen. Und natürlich hatte auch sie ihre Deckung oben.

Sie entfachte meine Liebe für japanisches Essen und karibische Strände. Plötzlich beschäftigte ich mich mit Meditation (Tipp: Die Smartphone App „7Mind"), mit dem Buddhismus und mit den Grundlagen der Quantenphysik. Häufiger bei einem Glas Weißwein und gelegentlich zu Musik von Hans Zimmer.

Es waren diverse neue Aktivitäten auf privater Ebene, die unweigerlich wie ein Turbo in meinem Business wirkten. Was meine Business-Aktivitäten anging, war ich schon immer motiviert – nur seitdem ich Julie kannte, nahm das plötzlich eine völlig neue Dimension an. Zeitweise machte es mir richtig Angst. Wie im Rausch.

Ich weiß nicht, ob du als Leser mir noch folgen oder einschätzen kannst, was das für mich bedeutete. Nicht nur, dass sich mein Horizont auf privater Ebene dadurch ganz direkt erweiterte (Julie lag weit außerhalb meiner Komfortzone, als ich sie kennenlernte), ich verdiente in den 2 Jahren nachdem ich sie kennenlernte, auch mehr Geld, als in den vorangegangenen 33 Jahren zusammen! Deshalb widmete ich ihr eins meiner letzten Bücher, welches sich innerhalb der ersten 6 Monate nach Erscheinen immerhin 20.000 Mal verkaufte.

„ES SIND DIE MENSCHE IN DEINEM LEBEN, DIE DEIN LEBEN LEBENSWERT MACHEN."

Versteh mich nicht falsch, viel Geld ist für mich kein erstrebenswertes Ziel auf privater Ebene – und was ich später mal damit vor habe, werde ich dir im nächsten Kapitel verraten – aber es ist ein Indikator dafür, wie dein Business wächst, oder halt auch nicht.

Der 12. Juni 2017 war so ein Tag, an dem mein Leben perfekt war. 6 Wochen später lag ich wieder am Boden. Das Leben geht weiter und ich bin sehr dankbar über die Erfahrungen, die ich machen durfte.

Was ich dir zurufen möchte: Halte in deinem Leben nicht nur Ausschau nach Menschen, die dich in dem, was du ohnehin schon gut kannst unterstützen und bestärken, sondern auch nach Menschen, die Farbe in dein Leben bringen. Die erfrischend anders sind, die ehrliches Interesse zeigen. Die dir echte Wertschätzung entgegen bringen.

Und wenn du einen solchen Menschen gefunden hast, dann gib zurück, was du geben kannst. Du weißt nicht ob es reicht, aber du kannst geben, was du hast.

Es gibt keinen Weg zum Glück. Glücklichsein ist der Weg.   -
Buddha

3

Dein Warum – Vision, Mission & Ziele

Stelle die richtigen Fragen

Als lösungsorientierter Mensch findest du sicherlich die Antworten auf die meisten Fragen, die du dir stellst. Nur stellt sich mir die Frage, ob du dir auch die richtigen Fragen stellst und ob du die richtigen Fragen überhaupt kennst.

Die übergeordnete Fragen ist die Frage nach deinem "Warum". Immer wenn du für dich beantworten kannst, warum du etwas tust, wenn du einen tieferen Sinn erkennst, gehst du mit großer Leidenschaft und einer herausragenden Motivation an den Start. Dann hast du meistens auch ein besonders langes Durchhaltevermögen.

Das „Warum" in deinem Leben gibt dir Treibstoff und Energie über Jahre hinweg. Teilweise über Jahrzehnte hinweg. Aus deinem übergeordneten „Warum", aus deinem Sinn des Lebens, lassen sich dann einzelne konkrete Missionen ableiten und daraus erstellst du dir deine konkreten Ziele. Die nächste Form wären dann sehr klare Aufgaben auf deiner To-do-Liste.

Mit dieser Vorgehensweise hast du einen Leitstern am Horizont, verläufst dich aber trotzdem nicht im Alltag. Du kennst das bestimmt: Die meisten Menschen überschätzen, was sie in einem

---

Jahr schaffen können und unterschätzen, was sie in 10 Jahren schaffen können. Du hast hoffentlich noch weit mehr als 10 Jahre für dein Lebenswerk.

In diesem Teilabschnitt meines Buches möchte ich dich mitnehmen auf die Reise, wie ich zu meiner Vision kam – und was mein Lebenswerk ist.

Irgendwann war ich an dem Punkt in meinem Leben angekommen, wo ich erkannt habe, dass materialistische Dinge im Leben keine erstrebenswerten Ziele sind. Wie z. B. ein teures Auto.

2012 und 2013 setzte ich mich immer häufiger mit der Frage nach dem Sinn in meinem Leben auseinander. Warum ausgerechnet zu diesem Zeitpunkt, wirst du noch genauer erfahren.

Zentral waren bei mir die Gedanken daran, was ich wirklich gerne mache. Ich versuchte darin einen übergeordneten Sinn zu finden – und plötzlich machte es bei mir „Klick" und alles passte zusammen.

Wie Indien 2009 mein Leben veränderte

Ich habe große Freude daran, mein Wissen zu teilen. Vornehmlich im Bereich Online-Marketing und Gründerberatung, denn da kann ich am meisten teilen. Ich bin der Überzeugung, dass das Nachhaltigste, was man schaffen kann, Bildung ist. Eine gebildete Generation in Afrika kann irgendwann selber Solaranlagen und Brunnen bauen, kann vielleicht irgendwann selber für Frieden sorgen und den Hunger stillen. Bildung hilft vielleicht nicht unmittelbar, aber langfristig und nachhaltig – das ist zumindest meine Überzeugung.

Im Oktober 2009 ermöglichte mir meine Hochschule eine Exkursion nach Indien. Für mich der erste hautnahe Kontakt mit der dritten Welt. Und was ich sah übertraf meine Befürchtungen.

Hungernde Familien, dreckige Straße, kein sauberes Wasser. Kinder, die nichts hatten. Weder in der Gegenwart, noch sonderliche Chancen in der Zukunft. Während ich in Deutschland jedem zurufe: Beweg deinen verdammten Arsch, du kannst es schaffen; war daran in Indien gar nicht zu denken.

Ich blickte zugleich in traurige als auch in glückliche Kindergesichter. Manche starrten mich Westeuropäer an, andere schauten beschämt. Doch die gesamte Exkursionsgruppe war überrascht darüber, wie stolz doch die meisten Kinder auf das Wenige waren, was sie hatten und zeigen konnten.

Doch es mangelte an dem Nötigsten. Mangelhafte Schulbildung begann schon bei fehlenden Stiften und Papier. Wir hatten Stifte dabei und ich habe glaube ich niemals ein Schulkind gesehen, dass sich so sehr über irgendetwas freuen konnte, wie ein indisches Schulkind, dem wir Stifte schenkten.

Während der 10 Tage in Indien wurde ich schwer krank. Das verdeutlichte mir, wie schlecht es um die Hygiene und Frischwasserserversorgung in Indien stand. Der Gedanke in ein indisches

Krankenhaus zu müssen machte mir Angst. Während ich mir Gedanken machte, wer wohl in meiner Heimat um mich trauern würde, falls ich nicht lebend nach Deutschland zurückkehrte, vertraute ich auf westliches Paracetamol, statt ein Krankenhaus in Indien aufzusuchen.

Später in Deutschland wurde einem richtig bewusst, wie privilegiert wir hier eigentlich Leben. Der Gang auf eine Autobahn-Toilette, der Geschmack einer Kiosk-Bratwurst oder eine Straße ohne ein Schlagloch … alle 10 Meter. Plötzlich nahm man bewusst wieder die eigentlich selbstverständlichen Dinge wahr. Eigentlich traurig. Und mir eröffnete das eine völlig neue Sicht der Dinge.

Meine große Passion ist das Teilen von Wissen und ich möchte der Welt helfen, ein Stückchen besser zu werden. Und daraus baute ich mir meine Vision:

Ich wollte alles Geld, was ich nicht für meinen persönlichen Lebensunterhalt benötige, in einer Familienstiftung sammeln (denn Familienstiftungen genießen steuerliche Vorteile und der Staat soll sich an meinem Vorhaben beteiligen). Diese Familienstiftung sollte dann in meiner zweiten Lebenshälfte eigene Schulen in Indien bauen, betreiben und unterhalten – also nicht etwa durch Spenden an Hilfsorganisationen unterstützen, sondern durch den Bau eigener Schulen. Direkter konnte ich mir die Hilfe für Kinder in Indien nicht vorstellen.

Das spannende an dieser Vision war nicht nur, dass ich ein großes Ziel hatte (ich brauche viel Kapital und kann damit einen wirklich sinnstiftenden Nutzen realisieren), mit dem ich meine Passion „das Teilen von Wissen" vereinbaren lässt. Ich hatte auch gleichzeitig eine neue Herausforderung definiert: Kurzfristig und mittelfristig die Beschaffung der finanziellen Mittel und langfristig das Bauen von Schulen in einem völlig fremden Land.

Als Reaktion darauf gründete ich 2013 meine eigene Holdinggesellschaft, in welche ich (bis auf den land- und forstwirtschaftlichen Betrieb) alle Unternehmensbeteiligungen einbrachte und alle Gewinne in dieser Holding bündelte. Diese Holdinggesellschaft soll später in eine Familienstiftung umgewandelt werden.

Seit 2015 erhalte ich kein Gehalt mehr. Jeder Euro, den meine Firmen an Gewinn abwerfen, landet (nach dem, was der Staat mir nach Abzug von Steuern übrig lässt) in meiner Holding – zur Finanzierung meiner Vision.

Somit habe ich allem unternehmerischen Handeln einen übergeordneten Sinn gegeben. Jedes Mal, wenn ich im Büro auftauche, jede Stunde, die ich für meine Unternehmen arbeite, jedes Projekt, das ich voran bringe, ja selbst jede Zeile, die ich für dieses Buch schreibe, hat einen übergeordneten Sinn. Meine Vision: Schulen in Indien, um damit etwas Nachhaltiges in der Welt zu bewegen.

Zwei Punkte möchte ich dir an dieser Stelle zurufen:

- Von jedem Produkt, das du bei einer meiner Firmen kaufst, fließt „mein Anteil" zu 100 % in meine Vision, in Schulen in Indien.

- Begebe dich auf die Suche nach deiner eigenen Vision. Etwas nach dem du strebst, das dir einen übergeordnete Sinn im Leben gibt.

Ziele – Der Kompass des Lebens

Ich möchte dich zu einem kleinen Experiment einladen, das auf anschauliche Weise aufzeigt, wie wichtig und entscheidend die richtige Zielsetzung ist.

Stelle dir einmal vor, man würde dich in einer nebligen dunklen Nacht, in der du die eigene Hand kaum vor Augen sehen kannst, mitten in einem Wald aussetzen. Das Problem dabei ist, der Wald hat nur einen einzigen Ausgang und deine Aufgabe ist es nun, ohne Hilfsmittel und ohne Orientierungspunkte einen Weg aus diesem Wald zu finden. Wie gehst du vor? Wie entscheidest du, in welche Richtung du gehen sollst? Wie erkennst du, ob du auf dem richtigen Weg bist?

> *„Wer im Leben kein Ziel hat, verläuft sich." – Henry Ford*

Schwierig, oder? Nun, ich helfe dir ein wenig. Ich schalte am Ausgang des Waldes ein helles Licht an, das bis zu dir vordringt. Wie entscheidest du nun, in welche Richtung du gehen wirst? Hilft dir dieser Fixpunkt?

Ja, und genauso verhält es sich mit Zielen. Ziele sind Fixpunkte, die uns den Weg weisen. Sie erleichtern uns zwar nicht den Weg, sie unterstützen uns jedoch dabei, die Richtung beizubehalten und Schritt für Schritt darauf zuzusteuern.

Der Wald versinnbildlicht unser Leben. Schließlich kannst du nicht immer geradeaus gehen. Es gibt Bäume, Hügel, Wurzeln, Mulden und anderes, das du überwinden bzw. dem du ausweichen musst. Solange du deinen Fixpunkt hast, besteht zwar immer noch die Gefahr, dass du von deinem Weg abkommst, du verlierst deine Richtung jedoch nicht mehr aus den Augen. Egal was kommt, du hast dein Ziel vor Augen und steuerst darauf zu.

> *„Wer nicht weiß, wohin er will, der muss sich nicht wundern, wenn er ganz woanders ankommt." – Mark Twain*

Thomas Klußmann

„GLÜCKLICH IST, WER DAS, WAS ER LEBT, AUCH WAGT, MIT MUT ZU BESCHÜTZEN" *OVID*

Wozu Ziele? Ich weiß doch, was ich will!

Wenn du die 100 TOP-Unternehmer nach ihren Zielen fragst, wird dir jeder einzelne von ihnen sofort ein klar definiertes Ziel nennen können.

Wenn du willkürlich 100 Menschen auf der Straße nach ihren Zielen fragst, werden dir meist nur allgemeine Antworten wie „Abnehmen", „Neuer Job", „Neue Wohnung", „Mehr Geld verdienen", „Urlaub" usw. genannt oder du bekommst gleich die beste aller Antworten: "Ich weiß schon, was ich will!".

Wo aber liegt der Unterschied zwischen einem konkreten Ziel und dem „Ich weiß schon, was ich will"?

Grob zusammengefasst kann man sagen: Ein konkretes Ziel ist am ehesten mit einem schriftlich ausgearbeiteten Plan zu vergleichen, wohingegen das „Wissen, was man will" eher einem Wunsch gleichkommt.

Das heißt also, dass der entscheidende Unterschied zwischen einem Wunsch und einem konkreten Ziel in erster Linie in der exakten Beschreibung des angestrebten Zustandes, der entsprechenden Planung und dem aktiven Handeln liegt.

Wie aus Wünschen Ziele werden:

Jeder von uns hat so seine Wünsche und Träume, die er gerne verwirklichen möchte. Doch die meisten haben nie wirklich gelernt, sich diese Wünsche zu erfüllen, indem sie sich konkrete Ziele setzen, einen Plan erstellen und dann danach handeln.

Daher werden wir jetzt damit beginnen, aus Wünschen richtige Ziele zu machen. Und der einfachste Weg dorthin geht über ein Vision Board.

Doch bevor wir damit beginnen, nimm dir einen Stift und ein Blatt Papier zur Hand und schreibe einfach alles auf, was du dir wünschst, dir erhoffst, erreichen willst, usw.

Die Erinnerung an deine Wünsche!

Welche Herzenswünsche hast du dir noch nicht erfüllt und welche Wünsche aus deiner Kindheit sind dir heute noch immer wichtig?

Was hast du dir schon lange vorgenommen, aber noch nicht gemacht?

Welche Träume und Wünsche schlummern in dir?

Schreibe alles auf, was dir einfällt. Egal, ob sich das jetzt für dich unerreichbar, unmöglich oder verrückt anhören mag. Um das „Überprüfen" und „Aussortieren" kümmern wir uns später.

Die Liste könnte dann so aussehen:

- Mehrmals im Jahr Urlaub machen, verreisen
- Weltreise machen
- Weniger arbeiten – mehr Zeit für die Familie
- Einen Ferrari kaufen
- Ein eigenes Haus
- 15 kg abnehmen
- Ein neues Auto
- Eine Eigentumswohnung kaufen
- Einen Marathon laufen
- Heiraten
- Mehr Sport machen
- Eine(n) Freund(in) finden

- 1 Million Euro verdienen

- Eine Gehaltserhöhung bekommen

- Einen neuen Computer kaufen

- Von zu Hause aus arbeiten und Geld verdienen

- Finanzielle Sicherheit

- Die Ernährung umstellen und abnehmen

- Mindestens dreimal in der Woche Sport treiben

Denke auch an Wünsche aus anderen Bereichen deines Lebens (Gesundheit, Familie, Beruf, Finanzen, Freunde, gesellschaftliche Anerkennung, Verein, Musik, Sport, Freizeit, Bildung…). Schreibe alle Wünsche auf, die dir einfallen. Egal, ob sie in deinen Augen realistisch sind oder nicht. Bewerte vorerst nicht. Lasse deiner Fantasie freien Lauf. Schreibe alles genauso auf, wie es dir einfällt. Wir nehmen uns später die Zeit, alles zu ordnen.

Nimm dir dafür ruhig etwas Zeit. Ziehe dich in eine ruhige Ecke zurück und lasse deinen Tagträumen freien Lauf. Du kannst auch gerne ein oder zwei Tage darüber schlafen und somit etwas Zeit verstreichen lassen. So fallen dir vielleicht auch noch ein paar Wünsche ein, die du der Liste hinzufügen kannst. Mit der Zeit wächst deine Liste immer mehr.

Was ist ein Vision Board?

Aus dieser Liste von Wünschen und Träumen werden wir nun ein Vision Board, eine Visionstafel, erstellen. Wie der Name schon sagt, handelt es sich beim Vision Board um eine Tafel, einen dickeren Karton, ein Brett, ein Poster oder Ähnliches, auf dem die Vision des eigenen Lebens dargestellt wird.

Es stellt somit ein großes Bild deiner Träume und Wünsche dar und veranschaulicht diese. Der Sinn des Vision Boards liegt darin, sich anhand der erzeugten Bilder leichter Ziele setzen zu können. Diese kannst du nun leichter sortieren, strukturieren und planen, um anschließend darauf hinzuarbeiten.

Das Gesetz der Anziehung besagt: Alles, worauf wir unsere Aufmerksamkeit richten, tritt in unser Leben und manifestiert sich. Man könnte auch sagen: Alles, worauf wir uns konzentrieren, ziehen wir an. Und genau das ist es, was wir mit dem ständigen Ansehen des Vision Boards erreichen möchten.

Zudem ist das Vision Board ein gutes Mittel, um Zweifel, Probleme und Hindernisse aus dem Weg zu räumen. Es hilft dabei, sich wieder auf das zu besinnen, was man sich wünscht und was man erreichen möchte.

„Wenn sich jemand zuversichtlich in Richtung seiner Träume bewegt und sich bemüht, das Leben zu leben, das er sich vorstellt, wird er einen Erfolg antreffen, mit dem er nicht gerechnet hat." – Henry David Thoreau

Ein Vision Board erstellen:

Du kannst ein Whiteboard, eine Magnettafel, ein großes Stück Karton, ein weißes Flipchart-Blatt oder einen großen Keilrahmen verwenden.

Aus Zeitschriften, Katalogen, Fotos, Zeitungen oder Prospekten kannst du dir nun die gewünschten Bilder aussuchen und anschließend ausschneiden, um deine Ziele bildlich darzustellen.

Als Nächstes kannst du diese Bilder auf das Vision Board kleben. Die Gestaltung bleibt ganz dir überlassen, du kannst deiner Kreativität freien Lauf lassen und musst dich an keine Vorgaben halten.

Nun gilt es, deinen Wunsch bzw. deinen Traum auf das Vision Board zu schreiben und dem entsprechenden Bild zuzuordnen. Gerne kannst du dem jeweiligen Wunsch auch Symbole zuordnen.

Nachdem du dein Kunstwerk vollendet hast, solltest du dir einen schönen Platz dafür aussuchen. Am besten ein Ort, an dem du mehrmals am Tag vorbeigehst und jedes Mal ein Blick auf dein eigenes Vision Board werfen kannst.

Et voila: Du stehst vor deinem eigenen und ganz individuellen Vision Board.

Mit dem Vision Board wirkungsvolle Ziele setzen

Natürlich wirst du deine Ziele nicht nur durch die bloße Erstellung des Vision Boards verwirklichen können. Jetzt ist es also an der Zeit, aus deinen Wünschen und Träumen klare Ziele zu definieren.

Aus Wünschen werden Ziele!

Wenn du dir dein Vision Board genauer anschaust, wirst du vermutlich feststellen, dass viele deiner Wünsche sehr allgemein und ungenau formuliert sind.

Nehmen wir als Beispiel folgenden Wunsch: „Von zu Hause aus arbeiten und Geld verdienen". Ein eher sehr allgemein gehaltener Wunsch. Um diesen Wunsch nun zu konkretisieren, überprüfen wir nun diesen Wunsch mit der S.M.A.R.T.-Technik, um daraus ein Ziel zu machen.

- **S für „spezifisch":**

   Ziele müssen eindeutig definiert sein. Hier ist es wichtig darauf zu achten, sie nicht nur vage, sondern so präzise wie möglich zu formulieren.

   Wie müssen wir den Wunsch spezifizieren, dass daraus ein Ziel wird? Dazu verwenden wir am einfachsten die W-Fragen: Was, Wann, Wie, Wo, usw.

Thomas Klußmann

Was möchte ich zu Hause tun, um damit Geld zu verdienen? Dazu gibt es z. B.1 Möglichkeiten wie ein (Einzel)-Training über das Internet anzubieten, ein E-Book zu schreiben, Coachings über Skype zu verkaufen, als Affiliate zu arbeiten oder Ebay-Power-Seller zu werden.

Eine Zieldefinition kann sein: „Ich biete ein persönliches Coaching zum Thema „Mehr Webseitenbesucher" per Skype an. Meine Kunden erhalte ich über Social-Media-Aktionen, Kauftraffic und interessante und hochwertige Webseiten-Artikel."

- **M für „messbar":**

Das Ziel muss messbar sein. Das heißt, wir müssen angeben, was alles geschehen sein muss, damit wir behaupten können, das Ziel erreicht zu haben. Am einfachsten können wir natürlich finanzielle Dinge messen. Aber auch die Kundenanzahl, die Webseitenbesucher und die Kaufrate lassen sich sehr einfach messen.

In unserem Beispiel könnte die Zieldefinition dann lauten: Bis zum 30. Juni habe ich einen Kundenstamm von 100 Kunden aufgebaut, die regelmäßig mein Coaching in Anspruch nehmen. Mit diesen Kunden erziele ich einen monatlichen Gewinn von 2.500 €.

- **A für „ausführbar" / erreichbar:**

Dass die Ziele von den Empfängern akzeptiert werden, also als angemessen, attraktiv oder anspruchsvoll angesehen werden, bedeutet, dass es sich bei deinen Zielen um deine eigenen handelt und nicht um die deiner Umgebung. Nur der brennende Wunsch ein Ziel zu erreichen, entfacht die Leidenschaft, die oft von Nöten ist, um alle Hindernisse, Probleme und Widrigkeiten zu überwinden.

Ein Ziel, das – eventuell auch unterbewusst – nicht akzeptiert wird, kann Blockaden aufbauen, die es unmöglich machen, das Ziel zu erreichen.

Ein gutes Beispiel dafür sind Ziele der Eltern für ihre Kinder wie „Mein Sohn wird Arzt" oder „Unser Sohn übernimmt unseren Betrieb". Besonders schlimm wird es, wenn Kinder die Ziele der Eltern erreichen müssen, weil sie selbst ihren Traum nie verwirklichen konnten oder gar keine Chance hatten, ihren eigenen Traum zu entwickeln. Aber auch der Einfluss von Freunden oder der Gesellschaft kann Ziele vorgeben.

Was bedeutet das für unser Ziel, aus dem Home Office heraus zu arbeiten und dabei Geld zu verdienen? Von zu Hause aus zu arbeiten, hat seine Vor-, aber auch seine Nachteile. Es ist nicht immer erstrebenswert, die gesamte Arbeit von zu Hause aus zu erledigen. Die Grenzen zwischen Beruf und Privatleben verschwimmen und können mit der Zeit zu Problemen führen. Damit muss man einverstanden sein, sonst verhindert dieses Problem das Erreichen des Ziels. Aber auch die Familie muss mit diesem Ziel einverstanden sein. Es muss ein eigenes Zimmer als Büro zur Verfügung gestellt werden.

- **R für „realistisch":**

Ziele müssen möglich sein. Da dein gewähltes Ziel dich motivieren sollte, solltest du dieses nicht zu klein setzen. Jedoch solltest du dir kein Ziel setzen, das absolut nicht realisierbar ist wie zum Beispiel innerhalb der nächsten 6 Monaten einen Sportwagen zu kaufen, wenn du nur ein Gehalt von 1.000 Euro im Monat erhältst. Wenn du keine Erbschaft zu erwarten hast oder im Lotto gewinnen solltest, wird dieses Ziel aller Voraussicht nach nicht zu erreichen sein und ist somit nicht realistisch.

Ist unser Beispiel, von zu Hause aus zu arbeiten, realistisch? Als Erstes sollte überprüft werden, ob die technischen Voraussetzungen erfüllt werden können. Reicht die Geschwindigkeit des Internet-Anschlusses aus, um zu Hause zu arbeiten? Wie viele Coaching-Kunden pro Monat müssen zusätzlich gewonnen werden, um die 100 Kunden-Marke bis 30. Juni zu erreichen? Ist das machbar?

- **T für „terminierbar":**

Zu jedem Ziel gehört die klare Vorgabe, bis wann das Ziel erreicht sein muss. Daher sollte das Ziel terminierbar sein. Ohne einen festgelegten Zeitpunkt wird eine Aufgabe immer wieder verschoben. Wir alle kennen das Gefühl, Dinge immer wieder vor uns herzuschieben. Irgendwann ist der Haufen so groß, dass es sich nicht mehr verschieben lässt.

Termine helfen uns, nach einem festgelegten Plan vorzugehen. Um jedoch einen solchen Plan erstellen zu können, brauchen wir als Erstes einen fixen Endtermin, an dem das Ziel erreicht sein muss. In unserem Beispiel wurde der 30. Juni als Endtermin gewählt.

Zwei Punkte, die ich bei der Definition von Zielen noch sehr wichtig finde, sind:

1. Ziele sollten immer schriftlich festgelegt werden und

2. Sie sollten immer positiv und als schon erreicht formuliert sein.

Was bewirken klar formulierte, positive Ziele?

- Begeisternde Ziele fördern die Selbstmotivation
- Klare Ziele helfen, sich auf das Wesentliche zu konzentrieren
- Ziele ermöglichen eine permanente Zielkontrolle
- Ziele bringen Erfolgserlebnisse
- Klare Ziele stärken die Selbstdisziplin und führen zu mehr Selbstbewusstsein
- Erreichte Ziele steigern die Erfolgshaltung

Überprüfe auch, ob sich deinen Zielen innere Blockaden entgegenstellen (z. B. weniger Zeit für die Familie, die dir wichtig ist; Einschränkungen in bestimmten Bereichen, starke Veränderungen, usw.).

„Je klarer die Zielvorstellung, desto klarer der Erfolg!"
– Vera F. Birkenbihl

Warum die Zieldefinierung unbedingt schriftlich erfolgen sollte (am besten sogar handschriftlich):

- Um ein Ziel klar und präzise niederzuschreiben, musst du deine Gedanken klar ordnen
- Du musst dich auch auf einen genauen Wortlaut festlegen
- Dein Ziel wird eindeutig überprüfbar (IST und SOLL)
- Mit der genauen Festlegung, dem Fokussieren und Wiederholen/Visualisieren deiner Ziele gibst du deinem Unterbewusstsein das Signal „DAS WILL ICH!"
- Von der Hand in den Kopf – da du damit die rechte und linke Gehirnhälfte ansprichst
- Schriftliche Ziele sind ein Motivationsfaktor
- Sie verändern deine Denkprozesse

Jetzt werden wir deine Ziele konkreter definieren:

Nehmen wir wieder unser Wunsch-Beispiel „Von zu Hause aus arbeiten und Geld damit verdienen".

Aus unserem Wunschbeispiel können wir folgendes Ziel definieren: Bis spätestens zum 30. Juni habe ich mir als Coach für „Mehr Webseitenbesucher" einen Kundenstamm von mindestens 100 Coachingkunden aufgebaut, die mir einen monatlichen Verdienst von 2.500 € einbringen. Die Interessenten werden auf meine Webseite geleitet, wo ich ihnen für die Eintragung in meinen Newsletter ein kostenloses E-Book schenke. Mit hochwertigen Informationen per Newsletter wird weiter Vertrauen aufgebaut. In regelmäßigen Abständen wird auch meine Coaching-Dienstleistung per Newsletter angeboten. Durch diese Maßnahmen berate ich monatlich XXX Kunden zu einem Preis von XXX.

Folgende Schritte sind bis zum Erreichen meines Ziels (von zu Hause aus arbeiten) notwendig:

- Erstellung der Webseite

- Erstellung des E-Books

- Schreiben der Newsletter-Texte

- Schreiben der Webseiten-Artikel

- Schalten von Werbung auf Facebook, Google

- Überprüfen der Zahlen (Webseitenbesucher, Newsletter-Eintragung, Öffnungsrate)

- Optimieren der Abläufe

- …

Schreibe außerdem auf, warum du dieses Ziel erreichen möchtest und welche Vorteile das Erreichen dieses Ziels mit sich bringt.

Beispiel: Von zu Hause aus zu arbeiten bringt mir zum Beispiel den Vorteil, dass ich das Auto nicht mehr benötige, um damit zur Arbeit zu fahren, so kann meine Frau das Auto für sich verwenden. Außerdem habe ich plötzlich mehr Zeit für die Familie (wenn meine Kinder mich sehen wollen, müssen sie nicht warten, bis ich von der Arbeit nach Hause komme). Ich muss nicht, kann aber zu festgesetzten Zeiten arbeiten.

Auch wenn dieses Beispiel jetzt noch eine zu ungenaue Zieldefinition darstellt, so kann es dennoch verdeutlichen, wie du Schritt für Schritt von deiner Vision (Wunsch, Traum) zum Ziel und vom Ziel zum Plan gelangen kannst. Du hast dir bis hierhin also eine

Schritt-für-Schritt Anleitung erstellt, die jetzt nur noch in die Tat umgesetzt werden muss.

„Es gibt nur zwei Sünden, nämlich zu wünschen ohne zu handeln und zu handeln ohne Ziel." – Ayn Rand

Vollständige Checkliste:

1. Notiere alle deine Wünsche und Träume

2. Besorge dir einen Keilrahmen, ein Whiteboard, einen Karton oder Ähnliches

3. Suche nach Zeitschriften, Katalogen etc., die die Bilder deiner Wünsche enthalten

4. Schneide die Bilder aus

5. Lasse deiner Kreativität freien Lauf. Schreibe, male, zeichne deine Visionen auf dein Vision Board

6. Gestalte dein Vision Board mit Texten, Bildern, Symbolen usw.

7. Sortiere deine Wünsche und suche dir als erstes denjenigen Wunsch heraus, den du sofort verwirklichen möchtest

8. Beginne jedoch zuerst mit einem kleinen, leicht zu erreichenden Wunsch

9. Schreibe deinen Wunsch am besten handschriftlich nieder

10. Nun analysiere deinen Wunsch mit der S.M.A.R.T.-Methode und schreibe ihn dann als Ziel nieder

11. Versuche das Ziel so detailliert wie möglich zu definieren

12. Erstelle einen Handlungsplan, den du nur noch Schritt für Schritt abarbeiten musst

13. Beginne mit einem weiteren Wunsch, am besten aus einem anderen Bereich

Abschließend zu diesem Thema noch zwei Buchempfehlungen, falls du hier noch tiefer einsteigen möchtest:

- Die 7 Wege zur Effektivität: Prinzipien für persönlichen und beruflichen Erfolg – von Stephen R. Covey

- Ziele: Setzen. Verfolgen. Erreichen – von Brian Tracy

Erlange finanzielle Unabhängigkeit

Viele Menschen streben nach Geld, sie wollen gerne reich sein; sich ein tolles Auto, einen Luxusurlaub oder eine großes Haus kaufen. Psychologisch gesehen will ein Mensch immer das, was er nicht hat. Und wenn er kein Geld hat, will er Geld.

Doch spätestens wenn du einmal zu „Reichtum" gekommen bist, wirst du merken, dass das Streben danach völliger Quatsch ist. Du musst nicht reich sein, um ein glückliches und erfülltes Leben zu führen! Vermutlich bestätigt dir das jeder, der zu Reichtum gekommen ist.

Jedoch gibt es einen großen Unterschied zwischen „Reichtum" und „finanzieller Unabhängigkeit" (bzw. „finanzieller Freiheit"). Letzteres, also die finanzielle Unabhängigkeit, halte ich für erstrebenswert und essentiell wichtig.

Du brauchst keine Millionen € auf deinem Konto, um glücklich zu sein, aber Schulden und finanzielle Abhängigkeit (z. B. von einem Partner oder einem Job) machen dich ganz sicher auch nicht glücklich. Geldsorgen können einen erdrücken, können die Lebensqualität massiv mindern.

Daher habe ich eine ganz große Bitte an dich: Kümmere dich selber um deine eigenen Finanzen!

In einem Interview für unseren Finanzkongress erklärte mir der österreichische Investor und ehemalige Investmentbanker Gerald Hörhan sinngemäß, dass ein Deutscher penibel jedes 20-Cent-Ei im Supermarkt kontrolliert, ob nicht die Schale vielleicht einen Riss hat, aber bei dem Abschluss von Versicherungen und Finanzanlagen tausende € aufgrund von Unwissenheit, Desinteresse und schlechter Beratung verliert.

Ich kenne Leute, die hassen ihren Job und arbeiten 40 Stunden die Woche hart, um am Monatsanfang die Miete bezahlen zu können.

„ALLE TRÄUME KÖNNEN WAHR WERDEN, WENN WIR DEN MUT HABEN, IHNEN ZU FOLGEN."

WALT DISNEY

Sie schauen sich aber maximal 1x im Monat ihre Kontoauszüge an und haben noch nie ihre Versicherungspolicen durchgelesen oder eine Steuererklärung abgegeben.

Bitte! Wenn du kein solides finanzielles Grundwissen hast, dann eigne dir dieses unbedingt an! Du wirst von Banken, Versicherungen, Beratern und dem Staat gerupft wie ein Huhn! Sich regelmäßig mit solchen Themen auseinander zu setzen, spart dir unfassbar viel Geld und zeigt dir manchmal sogar neue Verdienstmöglichkeiten auf.

Eine finanzielle Unabhängigkeit sorgt im Wesentlichen für einen „ruhigeren Schlaf", sie lässt viele Probleme gar nicht erst aufkommen. Sie sorgt außerdem dafür, dass du mutiger Entscheidungen treffen kannst und das du dich stärker auf „die wirklich wichtigen Themen im Leben" fokussieren kannst.

Finanziell unabhängig zu sein bedeutet für mich, dass ich zu jedem Zeitpunkt tun und lassen kann was ich will, ohne Angst haben zu müssen, am Monatsanfang meine Miete nicht bezahlen zu können. Oder anders ausgedrückt: So viel Vermögen zu besitzen, dass ich (ein solides und sparsames Leben vorausgesetzt) bis an mein Lebensende nicht mehr arbeiten müsste.

Dieses Ziel hatte ich mir gesetzt. Dafür habe ich mir einen Betrag in Euro ausgerechnet und die Erreichung auf den 3. August 2012 terminiert, das war mein 30. Geburtstag. Mit einem Monat Verzug hatte ich mein Ziel dann erreicht.

Natürlich hab ich das gefeiert, auf meine Art. Alleine. Ich hatte niemanden, mit dem ich so detailliert über meinen Kontostand sprach. Das tue ich auch heute nicht. Ist auch nicht meine Art.

Warum ich dir das überhaupt erzähle, hat folgenden Grund: Ich möchte dir in diesem Buch aufzeigen, was die Erlangung dieser finanziellen Unabhängigkeit bei mir bewirkt hat und dich damit motivieren, ebenfalls finanziell frei zu werden.

In erster Linie hat es bei mir zu dem besagten sorgenfreien Leben geführt. Ich konnte mich fortan viel stärker auf das fokussieren, was ich wirklich will im Leben. Das hat dann auch ziemlich zeitnah die Frage nach dem tieferen bzw. übergeordneten Sinn in meinem Leben auf den Plan gerufen.

Die Folge davon beschreibe ich ja an anderer Stelle in diesem Buch schon ausführlicher: Die Gründung einer Holding Gesellschaft, der Plan diese in eine Familienstiftung zu überführen und Schulen in Indien zu bauen. Seit 2015 zahle ich mir daher auch kein Gehalt oder Gewinn mehr aus.

4

Wer für seine Erfolge nicht selber sorgt, hat sie nicht verdient

No action, no satisfaction!

In den letzten Jahren habe ich dutzende Bücher gelesen sowie inspirierende und motivierende Menschen kennengelernt. Doch es gab eine Person, welche 2005 bei mir den Stein ins Rollen brachte und dafür bin ich ihr sehr dankbar. Die Rede ist von Prof. Dr. Lothar Seiwert.

In diesem Kapitel möchte ich ihn zu Wort kommen lassen. Er sagt „Wer für seine Erfolge nicht selber sorgt, hat sie nicht verdient". Auch wenn diese Sichtweise provokant klingt, bringt sie ein entscheidendes Grundprinzip zum Ausdruck, welches auch ich teile: Eine proaktive und selbstbestimmte Lebenseinstellung. Und wie er ergänzt: "No action, no satisfaction!"

Prof. Seiwert ist CSP (Certified Speaking Professional) und CSPGlobal. Er ist seit über 30 Jahren Europas führender Experte für Zeit- und Lebensmanagement. Millionen Menschen weltweit haben ihn in seinen Vorträgen erlebt und sind durch seine Bestseller dazu inspiriert worden, sich auf das Wesentliche zu fokussieren. Weitere Informationen zu ihm findet du unter www.Lothar-Seiwert.de sowie www.Tiger-Strategie.de

Prof. Dr. Lothar Seiwert: Die Tiger-Strategie

Streifen allein machen noch keinen Tiger! Lieber Jäger als Gejagter sein

Kein Mensch kann sich darauf verlassen, dass andere ihn erfolgreich machen. Nicht mit Hadern, Hoffen oder Wünschen, sondern nur mit Biss und Eigeninitiative gelangt man zum Erfolg. Ich wollte mein Leben lang lieber Jäger als Gejagter sein. Deshalb kümmere ich mich eigenhändig um die Dinge, die mir wichtig sind. Oder anders ausgedrückt: Ich sorge selbst für meine Erfolge, denn sonst hätte ich sie nicht verdient. Hat der Erfolg einen Preis? Die Antwort ist ganz einfach: Klarheit, Kraft, Kampfgeist, Konzentration und Konsequenz. Das sind die fünf Schlüsselkompetenzen, die es zu beherzigen gibt. Sie waren und sind meine treuen Wegbegleiter. Wir brauchen sie, um in unserer immer komplexer werdenden Welt nicht bloß zu überleben, sondern glücklich und zufrieden zu leben.

Der Tiger ist ein Meister der Jagd und ein Stratege

Warum gerade ein Tiger? In ihm vereinen sich die fünf Schlüsselkompetenzen, die mein Denken und Handeln geprägt haben, auf harmonische Weise. Wie kein anderes Tier steht er für genau diese fünf Qualitäten. Der Tiger hat keine natürlichen Feinde und wird deshalb in vielen Kulturen Asiens als Herrscher des Dschungels verehrt. Er ist aber nicht nur ein Symbol für Stärke, Mut und Tapferkeit, sondern auch ein Meister der Jagd und ein Stratege, der seine Kraft nicht bei einer erschöpfenden Hetzjagd vergeudet. Ob im Gebirge, im Dschungel, in der Steppe oder im Wasser, mühelos passt er sich den Herausforderungen seines Lebensraumes an.

Die Tigerkraft steckt in jedem Menschen, sie will nur entdeckt werden.

Jeder kann erfolgreich sein, der die fünf Schlüsselkompetenzen beherzigt. Denn: die fünf Ks machen den Business-Tiger aus:

*Klarheit: **Der Tiger jagt, weil er hungrig ist. Er weiß genau, was er will, und verfolgt sein Ziel vorausschauend.** Nur klare und eindeutig formulierte Ziele, Strategien und Aktionspläne bringen mich wirklich weiter. Was will ich im Leben erreichen? Was macht mich glücklich und zufrieden? Worin will ich meine Zeit und Kraft investieren? Kenne ich den Weg zum Ziel gut genug?*

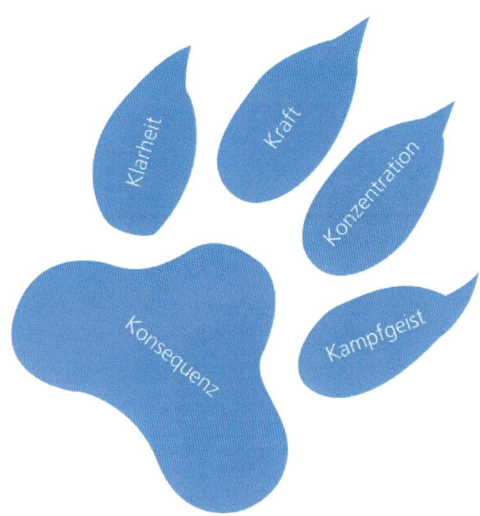

*Kraft: **Der Tiger jagt im Einklang mit sich selbst. Auf seine Stärke und Willenskraft vertrauend, überwindet er alle Widerstände.** Der Business-Tiger überlegt: Wenn ich meine Kräfte gezielt einsetze und bündele, erziele ich mit dem, was ich tue, die größte Wirkung. Stärken stärken statt über Schwächen lamentieren, heißt die Devise. Was hält mich davon*

ab, meine Erfolge zu realisieren? Bin ich bereit, innere Widerstände zu überwinden und meine Komfortzone zu verlassen? Umgebe ich mich mit den richtigen Partnern? Ist meine Vision stark genug, um mich in harten Zeiten zu tragen? Verfüge ich über ausreichend Selbstdisziplin?

Kampfgeist: Der Tiger hat ein dickes Fell und bleibt bis zur Schmerzgrenze hartnäckig. Er weicht zurück, aber gibt nicht auf. *Der Business-Tiger überlegt: Nie aufgeben und auch in einer aussichtslosen Situation proaktiv sein. Hartnäckigkeit zahlt sich aus, gegebenenfalls bis an die Schmerzgrenze. Bin ich bereit, die Verantwortung für mein Handeln zu übernehmen? Was muss ich selbst tun? Was kann ich an andere abgeben? Habe ich alles, was andere für mich tun, unter Kontrolle? Wie reagiere ich, wenn sich die Dinge nicht so entwickeln, wie ich es mir vorstelle? Was kann ich tun, um Engpässe zu überwinden? Was fehlt, um eine Sache zum Abschluss zu bringen? Wie kann ich in harten Zeiten für erholsame Pausen sorgen? Was kann ich aus Fehlern lernen?*

Konzentration: Der Tiger wählt den günstigsten Weg zum Erfolg. Er konzentriert sich auf das, womit er die grösste Wirkung erzielt und schlägt im richtigen Moment zu. *Der Business-Tiger überlegt: Wer seine Kräfte spitz konzentriert statt breit verzettelt, überwindet Widerstände wesentlich einfacher. In welchen Momenten ist Routine gefragt und wann Flexibilität? Wie lenke ich mein Engagement auf den wirkungsvollsten Punkt? Habe ich das Wesentliche im Blick?*

Konsequenz: Der Tiger gibt auf der Jagd stets sein Bestes. Entschlossen bringt er zu Ende, was er angefangen hat. *Der Business-Tiger überlegt: Unbeirrt von anderen seinen Weg verfolgen und zu seinen Überzeugungen stehen, das ist Charakter- und Führungsstärke. Welcher Leitgedanke treibt mich an? Welche persönlichen Grenzen möchte ich sprengen? Bin ich bereit, mein Bestes zu geben? Welcher Fährte muss ich folgen, um das zu realisieren, was ich mir wünsche?*

„WER FÜR SEINE ERFOLGE
NICHT SELBER SORGT, HAT
SIE NICHT VERDIENT."

Nur wer sich in den Dschungel wagt, wird mit Beute belohnt

Wir Menschen haben etwas Wichtiges mit dem Tiger gemeinsam: Die Notwendigkeit, unser Überleben zu sichern, ist tief in uns verwurzelt. Dieser Hunger ist uns angeboren. Leider haben viele von uns ihren natürlichen Jagdtrieb, bedingt durch gesellschaftliche Sozialisierung, verlernt. Ich erlebe täglich, dass Erfolg mit reiner Leistung, mit Geldverdienen, Druck und Stress verbunden wird. Die einen überlassen das Jagen den anderen, die anderen empfinden dabei sofort Stress und wieder andere denken an Scheitern und Verlust. Vor lauter Verpflichtungen und Hektik kommen sie gar nicht dazu, ihre Kräfte sinnvoll für sich zu nutzen. Während ein Tiger nur jagt, um satt zu werden und sich zu erhalten, sind viele Menschen permanent auf Schnäppchenjagd nach dem günstigsten Angebot oder sie rennen ihren Träumen hinterher, ohne sie je zu erwischen.

Aufgrund meiner persönlichen und beruflichen Erfahrung bin ich davon überzeugt, dass man mit der Tiger-Strategie den Erfolg erzielt, den man sich wünscht und den man verdient. Die Tigerkraft steckt in jedem Menschen. Entdecke die Kraft in dir.

Mein persönliches Erfolgsbeispiel

> *„Am Ende wird alles gut sein. Und wenn es noch nicht gut ist, dann ist es noch nicht das Ende." – Indisches Sprichwort*

„Wer für seine Erfolge nicht selber sorgt, hat sie nicht verdient." Auch wenn diese Sichtweise für manche provokant klingt, bringt sie tatsächlich eines meiner Grundprinzipien zum Ausdruck: eine proaktive und selbstbestimmte Lebenseinstellung. *No Action, no Satisfaction!*

Glaubt mir, ich weiß, wovon ich spreche. Nach vielen Jahren als Selbstversorger in Sachen Erfolg bin ich ein Experte auf diesem

Gebiet geworden. Lasst mich dazu ein persönliches Beispiel geben: Ich wollte immer ein erfolgreicher Autor sein, der mit seinen Bücher die Menschen auf der ganzen Welt bewegt. Deshalb war es mir wichtig, dass sie sich in hohen Auflagen auf der ganzen Welt verkaufen. Mit über 50 Buchtiteln und über 5 Millionen verkauften Exemplaren, die in vierzig Sprachen übersetzt wurden, habe ich dieses Ziel erreicht. Zu Anfang meiner Karriere als Autor sah es jedoch erst einmal gar nicht nach Erfolg aus. Als unbekannter Neuling in der Branche kassierte ich von den Verlagen, denen ich mein erstes Manuskript angeboten hatte, eine Absage nach der anderen. Sie wollten lieber das 17. Buch mit einem eingeführten Autor machen als das erste eines Unbekannten. Das sind die rauen Gesetze des Dschungels...

Um meinen Plan dennoch zu realisieren, drehte ich das Problem um und konzentrierte mich auf den Engpass der Verlage. „Wie viele Exemplare muss ich abnehmen", schrieb ich zurück, „damit Sie mein Buch verlegen?"

„500 Stück", bekam ich von einem renommierten Verleger zur Antwort. Ich sagte zu und die Dinge nahmen ihren Lauf. Das Verlagshaus publizierte mein Buch unter dem Titel „Mehr Zeit für das Wesentliche" zu einem Ladenpreis von DM 48. Bei Erscheinen lieferte man mir zwei Paletten mit 500 Büchern in meine kleine Zwei-Zimmer-Wohnung in Stuttgart Stammheim. Beiliegend eine Rechnung über DM 14.400, zahlbar sofort. Von da an kreisten meine Gedanken nur noch darum, wie ich die vielen Bücher, für die ich einen Kredit von 15.000 Mark – seinerzeit sehr viel Geld – aufgenommen hatte, wirtschaftlich sinnvoll wieder los würde.

Hunger macht erfinderisch! Damals war ich unter anderem Vorsitzender der Gruppe Stuttgart in der Gesellschaft für Arbeitsmethodik (GfA), deren Ehrenmitglied ich heute bin. Der gemeinnützige Verein gab in regelmäßigen Abständen den „Arbeitsmethodiker", eine Zeitschrift für seine Mitglieder, heraus. Ich konnte den Schriftleiter überzeugen, darin kostenlos eine Bestellkarte für das Buch beizulegen. Den Verlag hatte ich ebenfalls motiviert, die Karten auf ihre Rechnung drucken zu lassen.

Es gingen zahlreiche Bestellungen ein, die ich alle eigenhändig mit einer Rechnung versah, verpackte und zur Post brachte. Zwei Kunden haben ihre Rechnung übrigens bis heute nicht bezahlt. Es gibt Dinge, die vergisst man nie... Dennoch wurde diese erste von über 20 Hardcover- und 30 Taschenbuch-Auflagen ein wirtschaftlicher Erfolg – obwohl ich nicht wenige Exemplare zu Werbezwecken verschenkt habe. Und mein Wohnzimmer war endlich wieder leer.

Aber damit war mein Traum vom internationalen Bestsellerautor noch nicht Realität geworden. Jahrelang lief ich mir in den internationalen Hallen der Frankfurter Buchmesse die Schuhsohlen ab, um ausländische Verlage zu rekrutieren. Ich marschierte von Messestand zu Messestand und sprach bei jedem Wirtschaftsverlag vor. Meine Ansprechpartner allerdings waren alle eher daran interessiert, ihre eigenen Lizenzen nach Deutschland zu verkaufen, als mein Buch in ihrem jeweiligen Land zu veröffentlichen. Der Dschungel... Weitergereicht von einem Kontakt zum nächsten gelangte ich schließlich zu einem Foreign Rights Manager eines US-amerikanischen Verlages, den ich, nachdem wir uns kennengelernt hatten, von da an einmal pro Monat anrief, um ihn für mein Buch zu erwärmen. Das tat ich zwei Jahre lang! Und damals gab es noch keine Flatrates! Doch diese Lektion brachte mir etwas Wichtiges bei: Am besten ist dein Geld immer in dich selbst investiert.

Nach über zwei Jahren war es dann so weit, einen neuen Vorstoß zu wagen. Als der Verlagsmanager wieder zur Frankfurter Buchmesse kam, lud ich ihn zusammen mit seinem Chef in das beste Restaurant der Stadt ein. Ich erinnere mich noch daran, als wäre es gestern gewesen. Statt Wein aus dem Rheingau tranken die beiden Whisky on the rocks zu den fränkischen Spezialitäten. Doch nach dem x-ten Glas war der Lizenzvertrag unter Dach und Fach. Es würde eine US-Ausgabe meines Buches geben. Ziel erreicht. Und damit nahm die kybernetische Erfolgsspirale ihren Anfang. Denn diese Ausgabe öffnete mir die Tür zu zahlreichen nationalen und internationalen Verlagen. Und die US-Ausgabe erhielt auch noch den Benjamin-Franklin-Preis für das „Beste Business-Buch des Jahres", verliehen von der Publishers Marketing

Association. Nachdem ich den Anfang gemacht und diese Hürde genommen hatte, gerieten die Dinge in Bewegung. Mit etwa fünf Millionen weltweit verkauften Büchern ist der Rest Verlagsgeschichte.

Was ich damit sagen und verdeutlichen will: Kein Mensch kann sich darauf verlassen, dass andere ihn erfolgreich machen. Auch wenn ich nun seit über 30 Jahren ein Bestsellerautor bin, haben sich meine Bücher nie von selbst verkauft. Dazu braucht es viele Mitstreiter. Aber allen voran immer einen: den Autor selbst. Darum lauten meine tiefste Überzeugung und mein langjähriger Glaubenssatz: „Wer für seine Erfolge nicht selber sorgt, hat sie nicht verdient."

Das Buch zum Thema:

Lothar Seiwert: Die Tiger-Strategie. Wer für seine Erfolge nicht selber sorgt, hat sie nicht verdient. Die Kraft steckt in dir! Originalausgabe, 160 Seiten, geb. mit Schutzumschlag und zahlr. 2c-Abb., ISBN: 978-3-424-20139-0, € 16,99 [D] | € 17,50 [A] | CHF 22,90 (UVP).

5

Let's do this!

Vorsicht vor zu viel Perfektionismus

„Perfektion ist ein in letzter Konsequenz unerreichbares Ziel und der Weg dorthin führt stets über Irrtümer und Fehler."
Hartmut Laufer

W as könnte schlecht an dem Bestreben sein, stets den optimalen Output zu erzielen, egal, um was es sich handelt? Eigentlich nichts, oder?

Doch ist es wirklich immer ratsam, ein perfektes Resultat erzielen zu wollen? Gibt es keine klügere Alternative, welche es uns ermöglicht, ein eventuell noch besseres Ergebnis zu erzielen?

Pauschal und unreflektiert würden die meisten Menschen mit „nein" auf diese Fragen antworten. Wenn ein Ergebnis perfekt ist, kann es eigentlich nichts geben, was diese Perfektion noch steigern könnte. Ein perfektes Ergebnis wäre somit mit der Schulnote „sehr gut" oder noch eher mit einem "sehr gut mit Sternchen" gleichzusetzen.

Doch gilt diese Regel immer?

Die Antwort auf diese Frage ist, wie in vielen allgemein geltenden Fragen, ein klares „jein".

„Ja" auf der einen Seite, da Perfektion nun einmal den besten aller möglichen Outputs impliziert. Bezogen auf das Internetmarketing beispielsweise wäre es eine Webseite, die vollumfänglich alle Anforderungen zu 100 % und mehr erfüllt. Diese Webseite würde den besten Shop enthalten, die beste Conversionrate, den größten Nutzen für den User.

„Nein" aber auch auf der anderen Seite, da Perfektion nur mit größtem Aufwand zu erreichen ist und es selbst mit größtem Aufwand immer fraglich bleibt, ob man jetzt wirklich die perfekte Webseite aufgebaut hat (um im obigen Beispiel zu bleiben), oder ob man einen ausreichenden Erfolg nicht auch mit wesentlich weniger Aufwand erzielen kann.

Was ist also zu tun?

Ich schätze, dass dieses Beispiel recht gut gezeigt hat, dass Perfektion Fluch und Segen zugleich sein kann. Daraus resultiert die Frage, wie man Perfektion umgehen sollte. Ist es erstrebenswert, immer die Grenze der Perfektion zu erreichen, um erfolgreich zu sein bzw. zu werden? Die Antwort darauf liefert dir der folgende wissenschaftliche Ansatz aus der Entscheidungslehre, welcher sich kinderleicht in deinen Alltag eingliedern lässt.

Die 80-zu-20 Regel (in Anlehnung an das Pareto-Prinzip)

Die 80-zu-20 Regel, auch Pareto-Prinzip genannt, besagt, dass du 80% deiner Arbeit schon in 20% deiner Zeit schaffen kannst. Für die restlichen 20% Arbeit benötigst du jedoch 80% der Zeit.

Das Pareto-Prinzip ist also ein Mittel zur Zeiteinteilung, sodass du alle wichtigen Dinge erledigt hast, und die restliche Zeit entweder auf die Abarbeitung der Details oder mit etwas anderem verbringst.

Es herrscht nämlich ein extremes Ungleichgewicht in der zeitlichen Verteilung von Arbeit beziehungsweise Aufgaben.

Diese Regel kannst du nahezu auf alle Situationen beziehen:

- Beim Aufräumen: Du wirst sicherlich schon festgestellt haben, dass du oft mit den groben Aufräumarbeiten sehr schnell fertig bist, beispielsweise Saugen, Wäsche falten, Müll wegbringen etc. Sollte es jetzt aber daran gehen, den Staub von jedem Schrank zu entfernen oder ähnliches, wirst du sicherlich deutlich mehr Zeit aufwenden müssen.

- Bei Einarbeitungs-Prozessen: Das kennst du sicherlich auch. Auf der Arbeit wird ein neues Tool eingeführt und du beherrschst in kürzester Zeit alle Basis-Funktionen aus dem FF. Doch wenn du nicht nach diesen Basis-Funktionen vorgehen kannst, da es starke Abweichungen gibt, bist du schnell mit deinem Latein am Ende und du musst dich mühsam in den speziellen Sachverhalt des Tools einarbeiten. Mir selbst geht es nahezu täglich so.

- Beim Schreiben eines Artikels: Ich selbst bin immer wieder verblüfft, wie schnell man doch einen Blogartikel von knapp 500 Wörtern verfasst hat. Wenn es gut läuft und ich voll im Thema bin, benötige ich dafür oft nicht mehr als 20 bis 30 Minuten. Beim Korrigieren des Artikels fallen mir dann aber lauter Kleinigkeiten auf, wie eine unglückliche Formulierung, Rechtschreiber und der Gleichen. So benötige ich oft für das Korrigieren mehr Zeit als für die Schreibarbeit selbst.

Daher eine Entschuldigung an dieser Stelle für Rechtschreib-, Grammatik- und Zeichensetzungsfehler, aber jetzt weißt du wo sie herkommen. Deswegen sind die Tipps und Strategien für dich

„EIN OPTIMIST WIRD IMMER EINEN WEG FINDEN. EIN PESSIMIST WIRD IMMER EINEN GRUND DAGEGEN FINDEN."

aber nicht weniger wertvoll. Weniger wertvoll werden sie erst, wenn du jeden Schreibfehler in diesem Buch markierst und mich bei nächster Gelegenheit darauf ansprichst - denn dann verlierst du deinen Fokus. Den Fokus auf deinen eigenen Erfolg!

Die 80-zu-20 Regel ist so wichtig, dass wir uns ihr später im Buch noch mal zuwenden werden.

Doch was lehren uns diese Beispiele?

Die Antwort ist wirklich verblüffend einfach. Nutze öfter ganz bewusst die 80-zu-20 Regel und erledige die wichtigen Dinge zuerst, um erfolgreicher durch das Leben zu gehen. Als Unternehmer und auch im Privaten ist Perfektionismus natürlich durchaus löblich und in gewissen Situationen auch durchaus ratsam, doch kann dieser Perfektionismus auch oft als Blockade fungieren.

Es gibt aber auch Ausnahmen: Beispielsweise habe ich meine Ausbildung bei einem Unternehmen absolviert, welches Zahnbohrer herstellt. Wenn da die Produktqualität nicht bei 100 % lag, konnte das schwerwiegende Folgen haben. Solche Zahnbohrer werden teilweise mit einer "Turbine" betrieben und können Umdrehungsgeschwindigkeiten von 150.000 - 450.000 Umdrehungen pro Minute haben. Glaub mir, da willst du nicht, dass ein solcher Bohrer in deinem Mund abbricht.

Viele Menschen, darunter auch viele meiner Kunden, scheitern häufig als beginnende Unternehmer daran, dass sie sich aufgrund des Strebens nach Perfektion vom ersten Tag an blockieren. Dies kann dann zum Beispiel dazu führen, dass ihre eigentlich schon fertige Webseite niemals online geht, da sie einfach daran zweifeln, ob diese Webseite „gut genug" sei.

Ich antworte gern mit einer recht simplen und lapidar daher kommenden Aussage: „Wenn du es erst gar nicht erst versuchst, dann kannst du es auch nicht wissen!". Daher gilt es, sich bewusst zu machen, dass Perfektion gerade zu Beginn eines Vorhabens nicht immer strebsam ist. Du solltest diese Aussage jedoch nicht so verstehen, dass es nicht notwendig sei, sich keine Mühe zu geben. Anstrengen musst du dich in jedem Fall. Dennoch solltest du dich in deinem Streben nach Perfektion nicht blockieren lassen. Dabei ist es hilfreich, die 80-zu-20 Regel zu vergegenwärtigen, denn selbst 80 % sind schon sehr gut.

Warum das Durchhaltevermögen
das A und O des Erfolgs ist

„Jeder hat sein eigenes Glück unter den Händen, wie der Künstler eine rohe Materie, die er zu einer Gestalt umbilden will. Aber es ist mit dieser Kunst wie mit allen: Nur die Fähigkeit dazu wird uns angeboren, sie will gelernt und sorgfältig ausgeübt sein." - Johann Wolfgang Goethe

Viele Menschen haben große Pläne, große Träume und das Ziel, ihr Leben zu verbessern. Letztendlich ist es ein Bestreben, dass jeden von uns antreibt. Es gibt nur den Unterschied, dass manche diesen Plan bewusster verfolgen als andere.

Doch wie kann man diese Pläne und Träume erreichen? Diese Frage stellen sich sicher Millionen Menschen jeden Tag, doch nur die wenigsten machen sich bewusst auf die Suche nach einem Weg zur Erreichung ihres Ziels.

Eines ist klar: Ein großes Ziel kann man nicht von jetzt auf gleich umsetzen. Es hängt von vielen Faktoren ab – der richtigen Strategie, dem richtigen Plan, der passenden Idee, dem richtigen und motivierten Team und vor allem dem Durchhaltevermögen.

Weshalb ist das Durchhaltevermögen so wichtig?

Erfolg ist in der Regel ein langwieriger Prozess und nicht von jetzt auf gleich zu erzielen. Zwar gibt es auch die Glückspilze, die mit einer richtigen Aktion den angestrebten Erfolg direkt erzielen, doch bleibt so etwas mit Sicherheit der Ausnahmefall und lässt sich nicht generalisieren.

Erfolg ist also ein Prozess und ein Prozess zeichnet sich vor allem durch den Faktor „Zeit" aus. Es braucht also einiges an Zeit, bis der Prozess soweit ausgereift ist, dass sich Erfolg einstellt.

Und eben dieser Zeitfaktor macht es so entscheidend, dass du das nötige Durchhaltevermögen mitbringst – oder noch wichtiger: Dass du den nötigen Willen zum Durchhalten mitbringst.

Ich habe im Laufe meiner unternehmerischen Tätigkeiten unzählig viele Leute kennengelernt, die wirklich herausragende Ideen hatten, aber bei der Umsetzung einfach viel zu schnell aufgegeben haben und die Sache als „nicht machbar" abgestempelt haben. Ich bin fest davon überzeugt, dass 95 % dieser Menschen heute deutlich erfolgreicher wären, hätten sie in der entscheidenden Phase das nötige Durchhaltevermögen gezeigt.

Wie lässt sich Durchhaltevermögen erzwingen?

Durchhaltevermögen ist mit Sicherheit auch eine gewisse Charaktereigenschaft. Die einen haben deutlich mehr davon, die anderen wiederum nicht.

Doch ich bin fest davon überzeugt: Durchhaltevermögen lässt sich auch erzwingen bzw. antrainieren und ist somit für jeden erlernbar, egal bei welcher Ausgangslage. Ich führe an dieser Stelle immer gern ein Beispiel aus meinem Leben an.

In meinen 20ern war ich nicht der größte Sportler. Zwar war ich nie wirklich der totale Sportmuffel, aber ich habe nie auf irgendein Ziel hin trainiert. Mal ein bisschen Volleyball mit Freunden da, mal ein bisschen Joggen hier. Aber es kam nie wirklich mehr dabei rum.

Doch dann habe ich eine Person kennengelernt, die extrem erfolgreich in ihrem Job war und nebenbei auch noch Marathons läuft. Ein Marathon geht über 42 Kilometer! Für mich war das eine Distanz, die man eigentlich nicht als „Normalsterblicher" überwinden konnte. Doch eben diese Person hat mich in der Art inspiriert, dass ich mir gesagt habe: „Das schaffst du auch, Thomas!"

Und wirklich – ich fing an wöchentlich mehrere Stunden in mein Lauftraining zu investieren, informierte mich über Ernährung und habe dabei auch meine Essgewohnheiten drastisch verändert. Ich erzielte immer weitere Erfolge. Erst 10 km, dann 20 km, dann die ersten Wettkämpfe und dann tastete ich mich schrittweise immer weiter an die 42 km heran.

Ich hatte ein klares ausformuliertes und kommuniziertes Zeit-Ziel für meinen Marathon. 2013 beim Stadtmarathon in Köln und 2014 beim Knastmarathon in Darmstadt habe ich dieses nicht erreicht. Also musste ein dritter Marathon her. Im September 2014 in Sydney merkte ich, wie sehr man sich und seinen Körper pushen kann. Du fliegst nicht ans andere Ende der Welt, um dein Ziel um wenige Minuten oder gar Sekunden zu verpassen.

Mein Wille und meine Motivation waren so stark, dass ich meinen Körper gnadenlos pushte. Ich schaffte meine Zielzeit denkbar knapp - und war um 2 Erkenntnisse reicher:

1. Wenn dein Wille stark genug ist, kannst du nahezu alles schaffen. Selbst wenn dir jemand sagt, es geht nicht mehr. Doch, es geht immer!

2. Man kann gewisse Sachen im Leben "erzwingen". Mit starkem Willen, mit Kraft. Nur sei dir bewusst, dass das "Nebenwirkungen" haben kann. Viele Extremsportler bezahlen mit ihrem Leben. In meinem Fall war es die Patellasehne, mit der ich anschließend Monate zu kämpfen hatte.

Wie beim Marathontraining ist der Erfolg nur in Teilschritten zu erreichen. Du brauchst das richtige Training, damit du dich nicht über dein Limit pushen musst. Natürlich ist der Weg zum Erfolg zeitraubend, ganz gleich, ob beim Versuch einen Marathon zu laufen oder ein eigenes Business aufzubauen. Und Zeit lässt sich nun einmal nur durch das nötige Durchhaltevermögen schlagen. Aber auch kleinere Rückschläge sorgen schnell dafür, dass dein Durchhaltevermögen gefordert wird.

Mir ging es beim Marathon ab Kilometer 36 immer so – bei mir wird ab dieser Kilometerzahl immer ein Zustand erreicht, bei dem mein Körper eigentlich schreit: "Hör auf, ich kann nicht mehr". Aber 36 Kilometer von insgesamt 42 sind immerhin über 85 %! Also Durchhaltevermögen zeigen, alle 500 Meter als Ziel ansehen und die letzten 15 % auch noch schaffen.

Und genauso sieht es auf der Straße zum Erfolg aus. Egal, wie weit du schon gekommen bist, es wird immer wieder kleinere Rückschritte beziehungsweise Hindernisse geben, welche dein Durchhaltevermögen fordern.

Wie lässt sich Durchhaltevermögen trainieren?

Eine ganz zentrale Frage ist natürlich, wie sich das Durchhaltevermögen verbessern lässt oder auch trainieren lässt.

Mein Tipp dabei für dich: Kombiniere deinen Alltag mit deinem Weg zum Erfolg. Suche dir im Alltag Ziele, die sich nicht mit einer einzigen Aktion umsetzen lassen. Ein beliebtes Beispiel ist hier das Thema „Abnehmen / Zunehmen", je nach Ausgangssituation.

Wenn du dir hier ein langfristiges Ziel setzt oder ein Vorbild wählst und dir sagst: „So will ich auch werden", dann hast du den Grundstein für die Steigerung deines Durchhaltevermögens gelegt. Dabei musst du dir „nur" bewusst machen: Egal, was es für Rückschläge gibt, alles was dich fordert, wird dein Durchhaltevermögen steigern. Und so legst du deinen Grundstein für deinen Erfolg!

Durchhaltevermögen ist also das A und O für deinen Erfolg!

Rasche Umsetzung

*„Erfolg ist ein Gesetz der Serie, und Misserfolge sind Zwische-
nergebnisse. Wer weitermacht, kann gar nicht verhindern, dass
er irgendwann auch Erfolg hat." - Thomas Alva Edison*

Zeit ist Geld! Wer hat diesen Satz nicht schon einmal gehört. Auf
der einen Seite beinhaltet dieser Satz eine extrem ökonomisch ge-
triebene Sicht der Dinge und ist eventuell im Alltag nicht immer
angebracht. Im Berufsalltag oder aus unternehmerischer Sicht
trifft dieser Satz jedoch genau ins Schwarze. Daher solltest du dir
diesen Satz ganz genau vor Augen führen und dir bewusst machen, was aus dem Satz „Zeit ist Geld" für dich als Quintessenz
folgen muss. Du musst dir bewusst machen, dass alles, was du
anpacken willst, eine rasche Umsetzung erfordert.

Doch warum ist diese rasche Umsetzung so wichtig für deinen
Erfolg? Die Antwort auf diese Frage ist sehr vielschichtig und ich
will versuchen, dir im Folgenden alle wichtigen Gründe mit auf
den Weg zu geben.

1. Deine Motivation hochhalten

Motivation ist meiner Meinung nach der wichtigste Indikator für
den Erfolg oder den Misserfolg. Zwar kann Motivation alleine
natürlich keine Berge versetzen – es gehören auch das entsprechende Know-How und weitere Komponenten dazu, aber ohne
Motivation ist nahezu alles von vorne herein zum Scheitern ver-
urteilt.

Doch wann ist unsere Motivation am höchsten?

Ganz klar – am Anfang eines Vorhabens. Egal, ob du damit beginnst, in einem Fitnessstudio Sport zu treiben oder ob du eine
Webseite online stellen willst. Am Anfang wirst du mit größter

Motivation an die Sache herangehen, viele Stunden für den Fort-schritt aufwenden und alles für den Erfolg tun. Als Grund für diesen Zustand ist ganz klar der Faktor Motivation zu benennen.

Doch wenn du dich jetzt daran machst, eine Webseite online stel-len zu wollen, dir aber mit der Umsetzung sehr viel Zeit nimmst und dieses Projekt nicht ganz oben auf deiner To-Do-Liste steht, dann wird deine Motivation in der Regel sehr schnell nachlassen. Und damit beginnt häufig ein Teufelskreis.

Bei sinkender Motivation oder einer von vornherein geringen Motivation werden kleinere Rückschläge (beispielsweise das Nicht-Funktionieren eines wichtigen Plug-ins deiner Webseite) dein Vorhaben deutlich weiter nach hinten werfen. Wenn du aber hoch motiviert bist und alles daran legst, den kleinen Rückschlag zu überwinden, wirst du deutlich schneller zum Ziel kommen.

2. Schnellerer Erfolg

Wenn man sich daran macht als Unternehmer durchstarten zu wollen, dann will man auch möglichst schnell Erfolge sehen, um sich in den eigenen Überlegungen bestätigt zu fühlen. Doch wenn du dir jetzt bei der Umsetzung extrem viel Zeit lässt, dann wird sich dieser angestrebte Erfolg deutlich später zeigen.

Die oberste Maxime sollte es also sein, die Umsetzung so rasch wie möglich durchzuführen, um auch schneller den Erfolg spü-ren zu können. Sobald du diesen Erfolg spürst, wird sich das auch wieder positiv auf deine Motivation auswirken.

Insofern zeigt auch dieser zweite Punkt sehr deutlich, wie wichtig es ist, die Umsetzung rasch voran bringen zu wollen. Andernfalls droht erneut ein ähnlicher Teufelskreislauf wie schon im ersten Punkt aufgezeigt wurde.

3. Der Lerneffekt

Ein ganz wichtiger positiver Faktor von einer raschen Umsetzung ist meiner Ansicht nach der Lerneffekt, der sich erst dann so richtig einstellt, wenn "dein Projekt" umgesetzt ist und du ein Feedback erhalten hast. Und dieses Feedback kannst du nur dann bekommen, wenn du dein Projekt auch umgesetzt hast.

So entsteht außerdem noch ein weiterer positiver Effekt. Denn je rascher du dein Projekt umgesetzt hast, umso mehr steckst du noch in jedem einzelnen Entwicklungsschritt drin, da er noch nicht so weit in der Vergangenheit liegt. So kannst du auch deutlich schneller und einfacher auf Feedback reagieren und gegebenenfalls Änderungen vornehmen. Du kannst so dein Projekt binnen kürzester Zeit final optimieren.

Zwischenfazit:

Du siehst also, eine „rasche Umsetzung" kann deinem Vorhaben wirklich einen wahren „Boost" verleihen und dir schnell zu Erfolg verhelfen.

Bei all der angesprochenen Eile in der Umsetzung solltest du aber nichts überstürzen, sondern dir auch bei dem Bestreben einer raschen Umsetzung stets jeden Schritt gut überlegen.

Es ist also im wahrsten Sinne ein Drahtseil-Akt. Doch wenn du dir zu Beginn deines Projektes einen guten Plan zurecht legst, über diesen Plan dann noch einmal eine Nacht schläfst und erst dann mit der raschen Umsetzung beginnst, dann sollte deinem Erfolg nicht mehr viel im Wege stehen.

6

Mentale Blockaden
und Narben lösen

Ein Ziel, das dir keine Angst
macht, ist nicht groß genug

Von Dirk Kreuter habe ich gelernt: "Ein Ziel, das dir keine Angst macht, ist nicht groß genug". Das was wir bei Gründer.de und DigitalBeat.de bis 2017 machten, war keine Herausforderung mehr. Wir hatten die Prozesse bis zur Perfektion getrimmt, wir hatten Ziele, aber deren Erreichung war meistens abzusehen. Angst haben sie mir jedenfalls nicht gemacht.

Diese Aussage von Dirk Kreuter hat mich sehr inspiriert und motiviert. Warum bin ich immer in meinem Leben nur den nächsten sicheren Schritt gegangen? Ich habe eine extrem hohe Quote, wenn es um die Erreichung meiner Ziele geht. Die Ziele waren zwar zahlreich und konkret, jedoch meistens sehr nah und wahrscheinlich zu erreichen.

Es musste also ein großes Ziel her. Ein unternehmerisches. Denn auf privater Seite standen ja schon meine Vision und die Schulen in Indien. Infolgedessen fassten Christoph und ich den Entschluss zu skalieren. Wir wollten ein neues Büro und auf 15 Mitarbeiter aufstocken.

Wenige Monate später - im Juni 2017 - unterschrieben wir einen 5

　　　　　　　　　　　　　　Thomas Klußmann

„ES GIBT 2 ARTEN VON MENSCHEN: DIE, DIE RAUSGEHEN UND SICH HOLEN, WAS SIE WOLLEN, UND ALLE ANDEREN.

Jahres Mietvertrag mit 270qm Bürofläche in der 15. Etage im ehemals höchsten Hochhaus Europas - mit 360 Grad Rundumblick über Köln. Dom inklusive. Rund 300.000 € wird uns das in diesen 5 Jahren kosten. Aus 15 Mitarbeitern wurden dann fast 20 – dazu kam noch ein Büro in Berlin.

Wir stehen voll auf dem Gaspedal!

Ich bin Dirk sehr verbunden, nicht nur aufgrund seiner Inspiration. Wir stehen wöchentlich im Austausch, er ist Teil unserer Mastermind und seit Jahren Stammgast auf mehreren unserer Events. Aus diesem Grund möchte ich ihn in diesem Buch zu Wort kommen lassen.

Dirk hat euch ein Kapitel aus seinem aktuellen Buch "Entscheidung: Erfolg" gesponsert. Mit einem Thema, welches ich für elementar wichtig halte: Mentale Blockaden und Narben lösen.

Dirk verschenkt gegen eine Versandkostenpauschale sein Buch "Entscheidung: Erfolg". Wenn dir das folgende Kapitel gefällt, solltest du es dir unbedingt hier sichern:

www.digitalbeat.de/dirkkreuter

Dirk Kreuter: Entscheidung – Erfolg

Früher habe ich mich von meiner Vergangenheit zurückhalten lassen. Und nicht nur ich. Ich weiß, es geht vielen Menschen so. Ein kritischer Denkfehler, der Viele den Erfolg kostet. Wir können aus der Vergangenheit Erfahrung gewinnen. Aber wir können immer nur rückblickend Leben. Dass dir mal etwas passiert ist, hat nichts mit dem Hier und Jetzt zu tun. Es hat keine Auswirkungen darauf, wie du morgen handelst, sofern du die Entscheidung triffst, dich nicht davon beeinflussen zu lassen.

Leichter gesagt als getan, oder?

In unserem bewussten Part des Gehirns entscheiden wir uns, ein Ziel zu setzen. Unser Gehirn und Nervensystem ist wie ein Servo-Mechanismus und zielt darauf ab, unsere Ziele zu erreichen, ungefähr wie eine Lenkrakete. Unglücklicherweise feuert der Servo-Mechanismus nicht immer auf das Ziel, welches wir in unserem bewussten Part setzen.

Aber warum folgt es nicht den Befehlen?

Die Antwort besteht darin, dass unser Servo-Mechanismus einen Kurier dafür benutzt. Unser Selbstbild. Aber unser Selbstbild ist nicht nur ein Kurier, sondern auch ein Sensor. Es wird das Ziel verändern, um sich selbst gerecht zu werden.

Unsere Ziele müssen darum eindeutig und präzise formuliert sein und einen klar kommunizierten Umsetzungsplan haben, damit wir sie erreichen können.

Wir müssen unser Selbstbild ändern, um unsere Ziele zu erreichen. Wir müssen uns selbst bereits im erreichten „Ziel" sehen. Das ist so wichtig, dass dies als Erstes passieren muss. Darum müssen wir an unserem Selbstbild genauso hart arbeiten, wie wir an unseren Zielen arbeiten.

Das heißt, dass wir tägliche Gewohnheiten und Rituale entwickeln müssen, die unsere ZIELE unterstützen.

Wie verändere ich mein Selbstbild?

Durch kreative Vorstellungen im Kopf. Wir müssen unsere linke Gehirnhälfte (die für Logik, Fakten, Zahlen und mehr verantwortlich ist) mit unserer rechten Gehirnhälfte (die für Konzepte, Emotionen, Bilder und mehr verantwortlich ist) auf eine Linie bringen.

Als nächstes müssen wir uns das Wissen, die Fähigkeiten und die Erfahrungen aneignen, um unser Ziel zu erreichen. Aber bestimmte Probleme kannst du nur lösen, wenn du dich selbst bereits als deine Zielfigur siehst.

Wie gehe ich jetzt mit Narben aus meiner Vergangenheit um?

Hypersensitivität:

Auch wenn du dich verletzt fühlst, ist der Ratschlag, immer „weiterzumachen". Die Frage ist, ob sich das „Nachdenken und Grübeln" lohnt, da du dadurch von deinen Zielen abgelenkt wirst. Wenn das der Fall ist, rufe dir in Erinnerung, warum du dein Ziel erreichen willst und was dann passiert, wenn du es erreicht hast.

Wenn du dich immer an deiner aktuellen Situation orientierst, dann hast du Stillstand.

Wenn du dich an deinen Zielen orientierst, dann wirst du wachsen.

Chronische Abhängigkeit:

Von anderen Menschen abhängig zu sein, schadet dir fast immer. Besonders in Beziehungen sollte niemals jemand von einem anderen abhängig sein. Führe ein Journal über deine täglichen Erfolge. Dadurch kannst du lernen, deinen eigenen Selbstwert zu erkennen und dass du keinen Grund hast, dich von anderen abhängig zu machen.

Eines meiner wichtigsten persönlichen Wachstumsprinzipien ist "Denken auf Papier"! Rede nicht einfach nur dahin, sondern schreibe deine Gedanken auf! Deine Gedanken sind so wertvoll, dass du sie dokumentieren musst.

Führe ein Erfolgsjournal! Beende jeden Tag damit, dass du drei bis fünf persönliche Erfolge des Tages aufschreibst. Es müssen nicht immer die ganz großen Siege sein. Bekomme auch ein Gefühl für das, worauf du stolz sein kannst und werde dir so deiner Stärken bewusst. Immer wenn du an dir zweifelst, schau dir deine Ziele an und betrachte deine Entwicklungsschritte in deinem Tagebuch, dem Erfolgsjournal.

Achtung: Sei selbstdiszipliniert! Jeden Tag!

Vielleicht kennst du das Buch oder die DVD "The Secret". Der Film wurde damals mit großem Aufwand produziert. Er handelt von Zielen und Erfolg. Der Punkt, der hier komplett vernachlässigt wird, ist allerdings die Umsetzung. Die disziplinierte Umsetzung. Es reicht nicht, dass du dir deine Ziele nur aufschreibst und dein Erfolgsjournal pflegst und dass du daran glaubst und dass du deine Ziele visualisierst. Du musst auch diszipliniert an der Umsetzung arbeiten. Das macht den großen Unterschied aus. Den Umsetzern gehört die Zukunft!

Ärger:

Wenn du auf jemand wütend bist, erlaubst du dir, dich von deinem Ziel ablenken zu lassen. Denn, damit gibst du Verantwortung ab. Aber nur du bist verantwortlich für dein Leben, vergib anderen und erschaffe deinen eigenen Erfolg. Du bist verantwortlich.

Schuldgefühle:

Schau auf dich selbst und vergib dir selbst, du bist auch nur ein Mensch, der es, wie alle anderen, nicht besser wissen konnte. Gehe weiter, sorge dafür, dass du daraus lernst und den Fehler nicht wiederholst.

Angst:

Erschaffe dir ein widerstandsfähiges Selbstbild, indem du Handlungen, die sich möglicherweise nicht so entwickelt haben, wie du es dir vorgestellt hast, als Lernerfahrungen siehst, aus denen du für die Zukunft und dein Ziel lernen kannst. Sieh dich selbst als Person, die ihr Ziel erreicht hat und durch diese negativen Erfahrungen in späteren Situationen erfolgreich reagieren konnte, weil sie wusste, wie es nicht geht!

Wir können unser Leben rückblickend betrachten. Was wir in der aktuellen Situation als unglaublichen Fehler, als große Niederlage werten, kann sich einige Monate oder Jahre später als entscheidender Entwicklungsschritt herausstellen! Fast neun Jahre lang hatte ich eine enge Kooperation mit Kollegen, mit denen ich auch freundschaftlich verbunden war. Gemeinsam sind wir gewachsen, doch dann kam es zum Bruch. Ich hatte das Gefühl, geschäftlich ausgebootet worden zu sein. Ich wurde auf das Abstellgleis geschoben. In dieser Situation eine große Niederlage. Ein Fehler? Das Ganze ist jetzt einige Jahre her. Rückblickend war es für mich ein entscheidender Wachstumsimpuls. Nun musste ich völlig allein meinen Weg gehen. Heute spielen die Kollegen in der Kreisklasse, während ich in der Champions League spiele.

Thomas Klußmann

Achte darauf, denn diese Narben können immer wieder auftreten. Entferne sie und gehe weiter.

"Was versteht jemand, der Traktoren herstellt, schon von Sportwagen?", soll der Legende nach Enzo Ferrari gesagt haben, nachdem ein Kunde die Kupplung an seinem Ferrari 250 GT reklamierte.

Es war in den 60er Jahren. Ein wohlhabender Unternehmer, der Traktoren herstellte, war mit verschiedenen Details seines Sportwagens unzufrieden. Doch der Ferrari-Chef war erbost über die Kritik. Also baute der Traktorenhersteller selbst eine Kupplung in den Sportwagen ein. Eine Traktorkupplung!

Doch damit war die Sache noch nicht erledigt! Jetzt war der Ehrgeiz des Unternehmers geweckt worden: Er hatte von nun an das Ziel den besseren Sportwagen zu bauen!

Der Name des Mannes? Ferriccio Lamborghini. Der Wettstreit, wer denn nun den besten Sportwagen baut, dauert bis heute an!

Mein Fazit: Beide haben den jeweils Anderen als Feindbild. Beide wollen besser sein. Beide treiben sich gegenseitig zu Höchstleistungen an.

Der unternehmerischen Entwicklung tun Feindbilder gut!

Ein anderes Beispiel:

Sieben Jahre lang habe ich als Trainer die Vertriebsmannschaft eines Unternehmens begleitet, welches sein Business im Internet macht. Heute ein Multimillionen-Unternehmen. Marktführer. Mit Abstand. Etwa 50 Verkäufer in der Offline-Welt: Telefonverkäufer und Außendienstler.

In den ersten Jahren gab es ein klares Feindbild: Der Marktführer mit den amerikanischen Wurzeln. Die Kultur des Feindbildes wurde seinerzeit intensiv gepflegt. Auch in meinen Trainings. Alle hatten ein Ziel: Marktführer! Alle arbeiteten hart daran, den Wettbewerber zu verdrängen. Das hat mir und den Verkäufern immer viel Spaß bereitet. Was haben wir alles ausprobiert!

Seit einiger Zeit ist mein Kunde Marktführer. Mit vielen Längen Vorsprung! Doch nun ist die Stimmung im Vertrieb eine andere. Es wird sich viel mehr mit sich selbst beschäftigt, als es gut tut. Jetzt gibt es selbst gesteckte Wachstumsziele zur Orientierung. Das ist aber etwas ganz anderes als ein Feindbild. Ziele sind da längst nicht so motivierend wie ein klares Feindbild. Schade. Und die Nummer zwei hat sich mit seiner Position arrangiert. Hier kommt nichts mehr. Ja, ich hätte gern wieder ein Feindbild.

Habe eine Grundhaltung mit hoher Resilienz[1]

Man sagt, dass eine Katze nicht nur sieben Leben hat, sie landet auch immer auf den Pfoten, wenn sie fällt. Ich habe diese Geschichte irgendwann mal gehört und mein Leben danach ausgerichtet. Egal was mir passiert, ich weiß, dass wenn ich falle, lande ich immer auf meinen Füßen. Was soll Schlimmes passieren? Mal

---

1 *Resilienz (von lat. resilire ‚zurückspringen‘, ‚abprallen‘) oder psychische Widerstandsfähigkeit ist die Fähigkeit, Krisen zu bewältigen und sie durch Rückgriff auf persönliche und sozial vermittelte Ressourcen als Anlass für Entwicklungen zu nutzen. Quelle: Wikipedia*

abgesehen von einer schlimmen Krankheit oder einem Todesfall im engsten Umkreis. Wirtschaftlich und geschäftlich kann ich immer fallen und ich werde immer auf meinen Füßen landen. Welchen Glaubenssatz hast du im Umgang mit Niederlagen?

Was immer ich erlebe, ich bin imstande, damit umzugehen und ich werde einen Weg finden.

Solange ich atme, bin ich imstande, eine Lösung für eine Niederlage oder für einen Fehlschlag zu finden. Jedes Problem ist die Chance, zu einer besseren Erfahrung zu gelangen, durch die ich am Ende die Person werde, die ihr Ziel erreicht. Rückblickend waren dann gewisse Erfahrungen nötig, um dort hinzukommen.

Akzeptiere die Veränderung – Finde neue Wege.

Lerne so viel du kannst – Erlerne neue Fähigkeiten und Implementiere sie schnell.

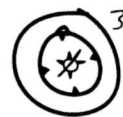

Übernimm Verantwortung für dein Schicksaal – Nur du kannst es ändern.

Finde deine Intention – Was treibt dich tief drinnen an.

Reframing und Veränderung – Nach jedem Erfolg sollst du deine Fähigkeiten, Talente und Interessen neu definieren um so deine Entwicklung zu festigen.

Reflektiere dich selbst – Was stimmt überein, was nicht. Was sind die Erfolge. Erkenne die Hürden und bleib fokussiert.

Entwickle ein breites Netzwerk – Du bist immer der Durchschnitt der 5 Menschen mit denen du dich umgibst.

Forme deine Identität – Habe immer eine klare Vorstellung von dem, was du sein willst. Achte auf dein Selbstbild.

Einstellung: Der Erfolgstyp

Er hat Ziele – und Verständnis für den Weg.

Er kann unterscheiden – zwischen richtigen und falschen Informationen.

Er ist mutig – für Veränderung, für holprige Wege, um Fragen zu stellen und zu handeln.

Integrität – dadurch, dass er anderen hilft, lernt er, sich selbst zu helfen.

Wertschätzung – er hat ein starkes Selbstbild und braucht nicht die Meinung von anderen Menschen oder Statussymbole, um sich selbst anzuerkennen.

Selbstbewusstsein – er definiert sich über seine Erfolge und nicht überseine Niederlagen.

Selbstakzeptanz – er hat den Perfektionismus abgelegt und durchläuft das Leben als bestmögliche Version von sich selbst.

Lerne, dich selbst durch diese Leitbilder zu entwickeln.

Selbstbewusstsein erlangen:
- Übe dich täglich in deinen Fähigkeiten, sammle Erfahrung.
- Lasse dein Selbstbewusstsein wachsen.
- Es ist das Wichtigste, wofür du dich nicht schämen musst.
- Er hilft dir, neue Möglichkeiten zu entdecken und die langweilige Komfortzone zu verlassen.
- Stell dir vor, wie du das Problem selber gelöst hast.

Erkenne Anzeichen von Fehlschlägen und optimiere

Frustration – übe Kontrolle aus, indem du neue, realistische Ziele setzt oder das Ziel genauer herunterbrichst und den ersten Schritt machst.

Aggressivität – verstehe sie und leite sie richtig. Benutze die Energie, um schwierige, unangenehme Tätigkeiten schneller zu erledigen, anstatt sie gegen andere Menschen zu richten.

Unsicherheit – beschaffe dir alle nötigen Informationen, erschaffe dir ein starkes Selbstbild, welches Sicherheit vermittelt und frage dich, was du dafür benötigst.

Einsamkeit – isoliere dich nicht selbst, gehe raus und treffe Menschen.

Unsicherheit – vertraue auf deine Ziele, deine Klarheit und deine

Handlungen. Wut – vergib dir selbst und lass die Vergangenheit in Ruhe. Fokussiere dich auf deine Ziele.

Innere Leere – suche dir ein Ziel, welches dich herausfordert.

**Dies sind Anzeichen, einer Persönlichkeit, die dich nicht weiterbringt. Lerne diese Anzeichen zu erkennen, korrigiere diese schnell und unternimm die richtigen Handlungen in die richtige Richtung, um auf dem richtigen Kurs zu bleiben.

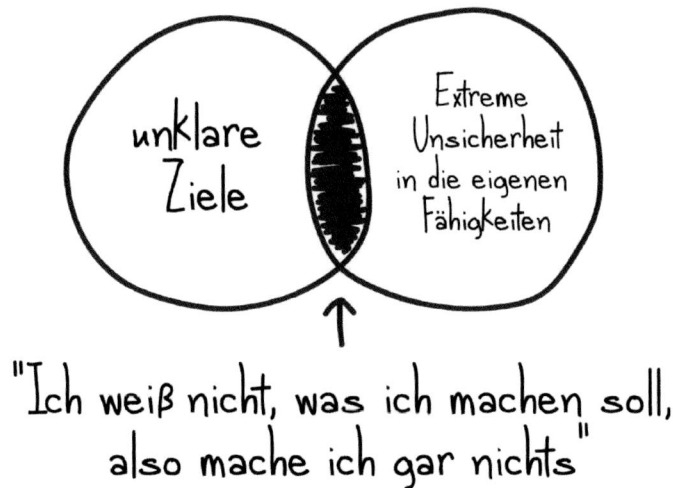

Täglicher Ablauf

1. Rufe dir dein Ziel täglich vor Augen.

2. Durchlebe dein Leben, als hättest du dein Ziel bereits erreicht.

3. Schreibe dir täglich 3 Sätze auf, warum du dein Ziel erreichen willst.

4. Welche 3-5 Handlungen bringen dich zu deinem Ziel?

5. Umgib dich mit Menschen, die ähnliche Ziele haben und rede mit ihnen darüber, wie ihr eure Ziele erreichen werdet.

6. Sei dankbar.

Thomas Klußmann

7. Starte niemals mit einem "Aber".

8. Umgehe Stellen, wo du auf eine Wand triffst.

9. Lerne vom heutigen Tag, indem du dir ein Journal anschaffst und den nächsten Tag immer bereits geplant hast.

Sei dir bewusst, dass du die einzige Person bist, die für deinen persönlichen Erfolg verantwortlich ist.

Egal, vor was für einer Situation du stehst, frage dich selbst, wie du diese meistern würdest, wenn du der erfolgreichste Mensch der Welt wärst und eliminiere limitierende Glaubenssätze so schnell wie möglich.

Um auf eine höhere Stufe zu kommen, musst du besser sein. Besser als du selbst vorher warst und besser als andere. Messe dich nur mit dir selbst.

- Arbeite härter

- Denke tiefer, nimm dir Zeit, um einen Plan zu machen. Brich ihn herunter auf schnelle, ausführbare Schritte.

- Du brauchst neue Menschen in deinem Umfeld, die weiter sind als du.

Habe niemals die Einstellung eines Opfers. Selbst wenn es sich gut anfühlt, hilft keine dieser folgenden Einstellungen weiter.

- "Mir passieren immer dumme Dinge und zwar öfters."

- "So etwas passiert nur mir."

- "Die _____(anderen) sind immer Schuld."

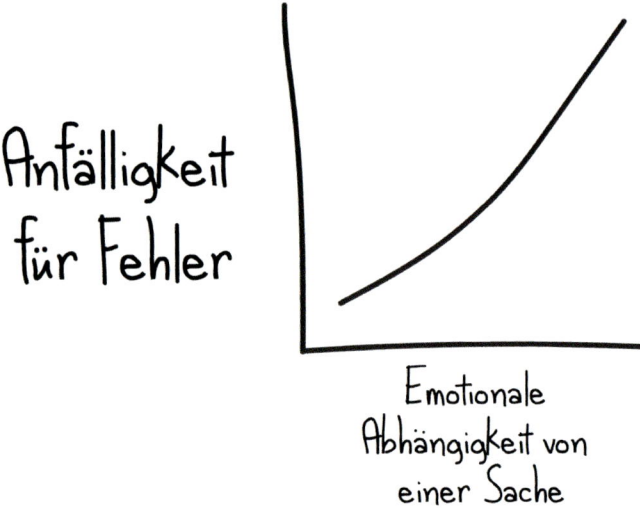

Anfälligkeit für Fehler

Emotionale Abhängigkeit von einer Sache

Mein Dank geht an Dirk Kreuter! Ich hoffe als Leser konntest du aus seinem Kapitel einiges mitnehmen. Falls ja, verpasse nicht dir sein Buch "Entscheidung: Erfolg" gegen eine geringe Versand-kostenpauschale zu sichern:

www.digitalbeat.de/dirkkreuter

7

Wie sich „geben statt nehmen" auszahlt

A ls ich 2013 gemeinsam mit Christoph Schreiber die Conversion und Traffic Konferenz Contra das erste Mal veranstaltete, hatten wir ein Problem: Wir hatten zwar ein Konzept für ein neues Eventformat, wir glaubten uns auch in der Lage Tickets zu verkaufen - aber wir hatten keine Referenten. Und vor allem hatten wir kein Budget für Referenten-Honorare.

Ohnehin sah unsere Strategie nicht so aus, dass wir Referenten Geld zahlen wollten - und die nur deswegen dann zu uns kommen würden. Referenten und Unternehmer, die wirklich Lust auf unser Event haben, würden auch so kommen. So unsere Theorie. Und wir wollten wirklich intrinsisch motivierte Referenten auf der Bühne haben. Ganz oben auf meiner Wunschliste Stand Dr. Stefan Frädrich.

Warum Stefan? Seine Anmoderation könnte in etwa wie folgt lauten: Er ist/war ... Trainer des Jahres, Vorstand der German Speaker Association, TV-Moderator, Talkshowgast, Bestsellerautor, Arzt, Coach, Unternehmer, Familienvater, Motivator, Gründer der GEDANKENtanken-Akademie etc. Also eindeutig jemand, den man unbedingt dabei haben will. Und er ist super sympathisch, zuverlässig und eine absolute Frohnatur.

Damals verfolgten wir eine Strategie, deren Fan ich auch heute noch bin: **Wir gingen in Vorleistung.** Wann immer wir neue

Partnerschaften aufbauen wollen, gehen wir in Vorleistung. Wir "geben" erstmal, bevor wir etwas fordern. So war es auch mit Stefan Frädrich.

Ich griff in meine Online-Marketing-Trickkiste, wir veranstalteten ein Online-Webinar mit 750 Live-Teilnehmern und positionierten Stefan und seine Eventreihe. Das lief so gut, dass Stefan als Dankeschön einen Vortrag auf unserer ersten Conversion und Traffic Konferenz im Jahr 2013 gehalten hat. Und es war ein voller Erfolg! Ein wirklich erstklassiger Vortrag - wie man es von Stefan kennt.

Christoph und mir liegen immer noch seine Worte in den Ohren, wie überrascht und begeistert er war, dass wir 2013 den Saal mit Teilnehmern voll gefüllt haben. Wir waren ausverkauft. Wie in einem früheren Kapitel schon gesagt, griffen wir damals auch dazu in unsere Trickkiste - ohne hier verraten zu können, wie wir das geschafft haben. Also Stefan: Nach über 4 Jahren würden wir es dir jetzt verraten, aber dafür müsstest du zumindest diese Zeilen lesen und uns anschließend auf ein Kölsch einladen :-).

Warum dieses Kapitel? Wie du als Leser jetzt verstehst, war Stefan jemand, der für uns da war und uns unterstützt hat - als wir noch ziemlich weit am Anfang standen und noch keine Honorare zahlen konnten. Nicht nur 2013 hat er uns aktiv unterstützt, sondern auch in den Folgejahren. Heute sind wir enger denn je mit seinem Unternehmen GEDANKENtanken sowie seinem Geschäftspartner Alexander Müller verbunden - und dafür sind wir ihm persönlich sehr dankbar.

Ich möchte aber, dass du als mein Leser an dieser Stelle auch ganz direkt von Stefan profitieren kannst, daher habe ich ihn ganz formell um ein Text-Interview gebeten, welches wir dir nachstehend abgedruckt haben. Mehr Content bekommst du von Stefan auf gedankentanken.com, seinem YouTube-Kanal und in seinem grandiosen iTunes-Podcast.

Dr. med. Stefan Frädrich im Interview

Dr. med. Stefan Frädrich absolvierte ein Medizin-Studium, bevor er sich zum Betriebswirt weiterbildete und Unternehmer wurde. Heute ist er nicht nur professioneller Redner, Coach und Motivationsexperte, sondern auch der Kopf hinter dem Weiterbildungsunternehmen GEDANKENtanken. Er und sein Team sind deutschlandweit aktiv und trainieren und motivieren mit ihren Vorträgen und Seminaren Führungskräfte. Angeboten werden bei GEDANKENtanken unter anderem auch eine Redner-Show sowie Führungs- und Vertriebstraining. Er ist Autor zahlreicher Motivationsbücher und engagiert sich sozial über die von ihm gegründete Deutsche Gesellschaft für Nikotinprävention.

Stefan, du bist so extrem vielseitig unterwegs, bist Gründer und Geschäftsführer von GEDANKENtanken, gibst unendlich viele Seminare und Workshops, bist im Vorstand der German Speakers Association, mehrfacher Bestseller-Autor... Wie schaffst du es da dich zu fokussieren?

Also ich empfinde das alles nicht als viel. Letztlich macht man Dinge ja nicht gleichzeitig, sondern man macht sie hintereinander. Und mein Trick ist, immer wieder zu überlegen, was ich tue und was ich nicht tue und mich dann im Alltag wirklich auf die Themen zu konzentrieren, die ich gerade bearbeite. Einer der Tricks im Leben ist, dass man Vieles schafft, wenn man Dinge nicht als Berg betrachtet, sondern als eine Reihe kleinerer Handlungen.

Welche Tools nutzt du, um deinen Alltag produktiver zu gestalten?

Ich habe zwei Haupt-Tools, die so ein bisschen Old School sind: Auf der einen Seite führe ich tatsächlich sowas wie ein Tagebuch – also ein elektronisches Tagebuch, wo ich wirklich nur stichwortartig aufschreibe, was ich tagtäglich gemacht habe. Ich glaube, dass unser Leben, unsere Biographie, sich durch das, was wir tun schreibt und nicht durch das, was wir uns wünschen oder worüber wir nachdenken.

Wenn ich nun etwas in das Tagebuch schreibe, sage ich mir: „Ich möchte das und das machen, ich habe einen Plan.". Ich mache mir stichwortartig Notizen und sortiere diese dann sozusagen in meine tatsächlich gelebte Realität ein. Das Dokument ist sozusagen eine To-do-Liste.

Das ist sehr produktivitätsfördernd, weil man sich dadurch zwingt, Dinge umzusetzen.

Zweite Geschichte: Bei mir im Büro habe ich ein klassisches Flip-Chart stehen und da schreibe ich immer wieder meine derzeit wichtigsten Tasks drauf, die ich dann klassisch abstreiche. Alle paar Wochen muss ich die Prioritäten neu ordnen. Weil ich mich unterm Strich immer auf die für mich großen Themen fokussiere, geht da nichts verloren, bzw. habe ich auch dann noch genügend Flexibilität, wenn andere Themen von der Priorität her nach vorne rutschen.

Du hast zwei der erfolgreichsten Podcasts im deutschen Raum. Welche Unternehmer mit welcher Zielgruppe sollten selbst einen eigenen Podcast veröffentlichen?

Meine ehrliche Einschätzung hierzu: Ich glaube jeder, der das Thema Podcast noch nicht erkannt hat, wird sich darüber ärgern, wenn irgendjemand anders die jeweiligen Themen besetzt: Der Bienen-Podcast, der Kopfhörer-Podcast… der Stecknadelkopfproduzenten-Podcast… Ich glaube, dass jeder Unternehmer in seiner Nische ein Podcast eröffnen sollte und dadurch auf direktem Weg seine Kunden erreicht.

Du bist Dr. med. Auf der Höhe hätten sich viele gedacht, dass sie dort angekommen sind, wo sie hinwollten. Wann sollte man sich nach etwas anderem umsehen, auch wenn es gut läuft und woher

„ICH WAR MIR DAMALS, ALS ICH AUFHÖRTE MIT MEINER MEDIZINERZEIT, ZIEMLICH SICHER, DASS ICH ZWAR DAS ERREICHT HATTE, WAS ICH ERREICHEN WOLLTE, ICH ABER EIGENTLICH AN MEINER PERSÖNLICHKEIT VORBEIGEZIELT HATTE."

weiß man, dass einem nicht einfach nur die Motivation fehlt weiterzumachen?

Ja, ich sehe das ein bisschen zweigeteilt. Einerseits: Ja, wir haben immer die Maxime „Wir müssen durchhalten!" oder „Winners never quit, quitters never win." Ich glaube das stimmt nur zum Teil. Es ist häufig wichtig, dass man sich selbst in bestimmten Lebensphasen immer wieder klar in die Augen schaut und sich fragt: „Ist das, was ich gerade tue wirklich das, was ich tun sollte oder sollte ich etwas anderes machen?" Und wenn ich feststelle: „Eigentlich sollte ich etwas anderes machen.", ist es eine Frage der Opportunitätskosten, das bedeutet die Kosten der entgangenen Möglichkeit.

Ich war mir damals, als ich aufhörte mit meiner Medizinerzeit, ziemlich sicher, dass ich zwar das erreicht hatte, was ich erreichen wollte, ich aber eigentlich an meiner Persönlichkeit vorbeigezielt hatte.

Also ich glaube, ich hätte mir viel früher schon die wichtigen Fragen des Lebens stellen sollen: Wer ich bin, was ich wirklich will, wo meine Stärken sind. Wie das geht hat mir damals aber niemand gesagt. Das erwurschtelt man sich im Laufe seines Lebens häufig erst selbst. Und dadurch kommt man dann zu solchen Entscheidungen.

Ich kann wirklich jedem sagen: Wenn er das Gefühl hat, er kann sich nicht mehr im Spiegel anschauen und das hängt mit seiner tagtäglichen Arbeit zusammen, dann muss er konsequent sein und etwas anderes tun.

Welche sind die häufigsten Fehler, die du als Coach bei Selbstständigen beobachtest? Und wie vermeidet man sie am besten?

Das ist eine relativ simple Geschichte: Wenn ich Selbstständige sehe und ich merke, die performen nicht, dann sind die meistens nur auf ihre inhaltliche Sache fokussiert aber nicht auf das Business. Sie verstehen nicht, dass sie sich letztlich wie ein Unternehmen positionieren müssen, dass sie sich richtig vermarkten müssen, dass sie sich richtig nach außen aufbauen müssen, dass sie Kundenpflege betreiben müssen etc.

Weil wir aber in einer stark ausbildungslastigen Welt leben, sind wir reflexhaft dabei, Fachkenntnisse zu vertiefen und zu Fortbildungen zu gehen, anstatt einmal eine Ebene zurück zu gehen und uns als Generalisten zu verstehen. Also uns zu fragen: „Was weiß ich über Marketing? Wie viel weiß ich über Produktivität? Was weiß ich über Social Media Marketing? Wie baue ich eine Marke auf? Wie organisiere ich mein Büro?" – Also diese großen Themen, die Menschen unterm Strich wirklich erfolgreich machen. Das sind alles Themen, die ein Selbstständiger natürlich auf dem Schirm haben sollte und wenn der aus einer reinen Fachperspektive kommt, dann hat er die nicht auf dem Schirm.

Sagen wir mal, wir sind voll motiviert, aber der Tag hat, ganz gleich wie gut die Planung ist, nur 24 Stunden – wie erhalten wir uns die Motivation, wenn wir aufgrund der Projektgröße das Gefühl haben, zu wenig zu schaffen?

Das ist eine sehr komplexe Frage, weil die auf Zeitmanagement abzielt, und Zeitmanagement ist immer eine Frage von Wichtigkeit. Also ich muss mir immer klar machen, was die wichtigen Dinge sind, die zu tun sind. Für die sollte ich mir immer genügend Zeit einplanen inklusive Puffer-Zeiten etc. Und dann habe ich auch wirklich das Gefühl, mit relevanten Dingen Fortschritte zu machen.

Wenn ich aber den Eindruck habe, dass ich nur geschäftig bin und jeden Tag nur viele kleine Schritte mache, die einander aber vielleicht widersprechen und mich nicht wirklich nach vorne bringen, dann ist das unbefriedigend. Das heißt, die Motivation erhalten wir uns unterm Strich immer dadurch, dass wir uns auf das für uns höchstmögliche Sinnziel fokussieren, also fragen: „Was ist der Sinn dessen, was wir tun? Warum stehen wir morgens auf? Wo wollen wir strategisch hin? Was sind die nächsten großen Meilensteine?" – und uns wie mit einem inneren Kompass immer wieder darauf ausrichten.

Und wenn wir merken, dass wir allzu oft in andere Richtungen gehen, sollten wir immer wieder ganz bewusste Reflektionspausen einlegen, um zu überlegen: „Bringt mich das, was ich gerade tue, wirklich dem Sinn näher, den ich eigentlich verfolge?" Und wer das eine Weile konsequent macht, der merkt, ob er an der ein oder anderen Stelle sein Zeitmanagement verbessern kann – oder besser gesagt: WIE er es verbessern kann.

Wie vermeidet man auf einem Motivationshoch Selbstüberschätzung?

Das ist eine ganz knifflige Geschichte. Auf der einen Seite ist Selbstüberschätzung immer ein Antrieb des Menschen. Das heißt, wenn wir nicht erwarten, dass wir etwas Positives bekommen, dann fangen wir häufig gar nicht erst an. Das heißt Selbstüberschätzung ist ein Mittel der Motivationspsychologie. Deswegen sagen auch ganz viele Techniken, so NLP-Techniken beispielsweise: „Visualisiere dir dein Ziel, mach's ganz besonders toll, mal's dir in den schillerndsten Farben aus." Oder gehen wir einfach nur ins klassische Verkaufen: „Wie wirst du reich in 3 Tagen?" – Also diese Schlagwörter, die triggern uns schon sehr. Der Punkt ist, man braucht auch immer wieder den Gegenpol, also immer wieder dieses realistische auf dem Boden der Tatsachen stehen und des Teufels Advokaten spielen: „Was wäre wenn…? Was wenn es nicht gut geht?"

Das Grunddilemma ist: Menschen, die viel machen, haben häufig sehr viel Grundoptimismus, wenn sie scheitern, lernen sie häufig aus dem Scheitern nichts! Also wenn ich sage: „Das klappt schon!" und ich lege einfach drauf los und ich bin nicht skeptisch genug, dann werde ich ganz häufig die offenen Türen übersehen, und dann mit dem Kopf gegen die Wand laufen, weil ich meine, eine Türe gesehen zu haben.

Wenn ich mich aber immer wieder frage: „Was wenn es schief geht? Wodurch kann es schief gehen?", also so eine Worst-case-Technik überlege, dann ist die Wahrscheinlichkeit sehr hoch, dass ich auch die Fallen frühzeitig bemerke und eben nicht hineintrete.

Aber das hat eigentlich was mit Demut zu tun. Und Demut ist häufig eine Sache von negativen Erfahrungen, also Persönlichkeitsreifung. Und auch eine Sache eines gewissen Lebensalters.

Das Video mit persönlicher Ansprache auf der Landing-Page kann für Gründer sehr hilfreich sein. Nicht jeder fühlt sich vor der Kamera aber sicher. Hast du als Speaker ein paar Vortragstipps?

Ja, ich glaube ein Haupt-Vortragstipp, den ich jetzt hier geben kann, ist, dass man sich klarmachen muss, dass es eben nicht um eine Kamera geht, sondern, dass man das Ganze eigentlich macht, um Menschen zu gewinnen. Die Kamera, die vor einem ist, das ist erst mal eine ungewohnte Situation, vor allem wenn man sich überlegt: „Ich muss jetzt perfekt sein!" Aber wir reden ja den ganzen Tag mit anderen Menschen! Man sollte versuchen das so anzugehen, als ob es eben ein Kumpel oder eine Freundin oder die sechsjährige Tochter sei und nicht die Kamera.

Der nächste Fehler, den ich bei ganz vielen bemerke, ist, dass sie versuchen Texte auswendig zu lernen oder sogar vom Teleprompter ablesen. Und wenn man das nicht gut macht – Vorsicht! Es gibt Menschen, die können das gut, die meine ich jetzt hier nicht! – aber wenn man das nicht gut macht, dann wirkt das sehr schnell hölzern und distanziert. Dadurch erreicht man nicht, was man erreichen möchte. Man sollte sich folglich einfach vorher klar machen, was die großen Themen sind, über die man sprechen möchte, und einfach frei über diese sprechen, in quasi direkter, persönlicher Ansprache.

Was ist der wichtigste Tipp, den du einem Gründer mit auf den Weg geben kannst?

Die Frage nach dem „wichtigsten Tipp" ist meines Erachtens falsch gestellt, denn es gibt tausende von wichtigen Tipps. Vielleicht wäre es der Tipp, dass man als Gründer das Leben wie ein einziges Rezeptbuch betrachten sollte, wo es ganz viele Rezepte gibt, und dass man sich so viel wie möglich fortbilden muss, dass man mit so vielen Leuten wie möglich in Kontakt treten muss, und immer wieder Fragen stellen muss, offen sein muss, immer wieder bereit sein muss zu lernen, zu lernen, zu lernen…

Also der wichtigste Tipp, den ich einem Gründer mit auf den Weg geben will und kann, ist der, dass er offen sein muss für ganz viele Tipps und immer dazu lernen soll! Wenn er ganz Vieles versteht und ganz viele Tipps bekommen hat, erst dann hat er eine halbwegs qualifizierte Grundlage. Dann wird er Strukturen wahrnehmen, Dinge, die für ihn passen, Dinge, die nicht für ihn passen. Und dann erst ist er qualifiziert, wirklich durchdacht loszulegen – und muss trotzdem immer wieder reflektieren. Ich glaube, was viele falsch machen ist, den Ansatz „Jetzt mach 1, 2 und 3" zu wählen, oder „Die 7-Schritte-Anleitung zu so und so". Das passt halt nicht immer alles für jeden. Aber wenn ich ganz viele dieser 7-Schritte-Anleitungen gelesen oder wenn ich ganz viele verschiedene Impulse bekommen habe, dann kristallisiert sich heraus, was für einen selber funktioniert. Und dann bekommt man das Gefühl der Machbarkeit, kann loslegen und immer besser werden.

8

Dein Glück liegt außerhalb deiner Komfortzone

Raus aus der Komfortzone: Wie die Bequemlichkeit deinen Zielen im Weg steht

Wenn du deine Ziele konsequent umsetzen möchtest, hast du im Regelfall zunächst dich selbst als Feind, genau genommen deine Komfortzone. Wie erwähnt gibt es eben nicht die Wunderpille, mit der du auf einmal erfolgreich wirst und sich deine Ziele plötzlich von alleine umsetzen. In jedem Fall erfordert es Arbeit von deiner Seite und dass du dich darauf einlässt.

Allerdings ist mit Arbeit auch immer verbunden, dass du dich aufraffen musst und es unbequem für dich werden kann. Genau diese Unbequemlichkeit sorgt dafür, dass in dir Zweifel wachsen. Du siehst die Risiken und denkst dir, dass das alles gar nicht wirklich funktionieren kann. Es gibt einfach zu viele Eventualitäten, zu viele Schwierigkeiten und überhaupt: Der Weg wäre einfach viel zu steinig. Also kannst du es eigentlich gar nicht schaffen, oder?

Doch, kannst du. Beweg deinen verdammten Arsch!

Natürlich sollst du dir keine Ziele setzen, die du nicht nach der S.M.A.R.T.-Technik als realistisch einschätzen könntest. Wenn du dir ohne große Grundlage vornimmst, in den nächsten drei Monaten deine erste Million zu verdienen, ohne bisher irgendwelche Voraussetzungen dafür geschaffen zu haben, dann wirst du das nicht erreichen. Aber wenn der Weg machbar und einfach nur unangenehm ist, dann solltest du überlegen, ob dein Ziel tatsächlich unrealistisch ist oder ob du nicht vielmehr einfach nur Angst davor hast, den dafür nötigen Weg zu gehen.

Bei mir beispielsweise war eine solche Situation der Beginn meines Studiums. Ich konnte dadurch das machen, was ich machen wollte, und mich selbst verwirklichen. Aber es hatte einen Preis: Ich musste aus meinem bisherigen Job raus, die sichere Festanstellung aufgeben.

Wie ist die Komfortzone aufgebaut?

Interessanterweise waren es gar nicht so sehr meine Bedenken, die mir Probleme bereitet haben. Ich war mir schließlich sicher, dass ich das machen wollte und machen musste. Meine Mutter hingegen hatte genau die Bedenken, die viele von uns selbst haben, wenn sie einen schwierigen Weg einschlagen.

- Willst du das wirklich tun?
- Aber du hast doch einen sicheren Job?
- Meinst du wirklich, dass du das schaffst?
- Reicht dir das, was du aktuell hast, nicht aus?

Genau solche Fragen kennzeichnen das, was sich letztlich innerhalb der Komfortzone befindet. Darin finden wir ein Sammelsurium aus Gewohnheiten, alltäglichen Handlungen und Strukturen, die erst einmal so sind, wie sie sind. Das umfasst alles, von den banalsten Gewohnheiten wie dem ersten Kaffee (oder der ersten Cola) am Morgen, über den Weg zur Arbeit, bis hin zu unserem Job selbst.

Grundsätzlich handelt es sich dabei um die Dinge, die wir kennen und gewohnt sind. Und auch wenn nicht unbedingt alle Faktoren daraus etwas sind, womit wir uns wohlfühlen, so ist es für uns zunächst doch einmal angenehmer, das zu tun und anzunehmen, was wir kennen. Deshalb wird nicht selten auch von einer Wohlfühlzone gesprochen.

Jetzt stell dir einmal vor, eine Straße oder Bahnstrecke auf deinem Arbeitsweg ist plötzlich gesperrt. Auf einmal musst du auf einem anderen Weg zur Arbeit gelangen. Ist unangenehm für dich, oder? Du musst dir Gedanken darum machen, wie du nun zur Arbeit kommst. Das wirst du vorher nicht wirklich gemacht haben. Warum denn auch? Dein Weg zur Arbeit funktioniert ja und es ist der, den du für dich als angenehmsten Weg festgelegt hast. Dann wirst du dich auf dem Weg selbst mehr konzentrieren müssen als sonst. Schließlich bist du ihn ja bisher selten bis gar nicht gefahren.

Das Programm dahinter, das du abspielst, ist simpel: Du hast einen für dich angenehmen Weg gefunden, der für dich in Kombination mit der Gewohnheit dafür sorgt, dass du dich nicht mehr wirklich damit auseinandersetzen musst und somit keine Energie mehr in das „Projekt Arbeitsweg" steckst. Der Punkt ist abschließend geklärt.

Und genau so kannst du auch definieren, welche Gewohnheiten und Strukturen innerhalb deiner Komfortzone liegen:

- Du kennst sie.

- Sie funktionieren.

- Sie sind reproduzierbar oder dauerhaft annehmbar.

- Es spart Aufwand, sie als gegeben hinzunehmen.

Außerhalb deiner Komfortzone liegt hingegen alles, was neu ist, nicht zu deinen Gewohnheiten passt oder womit du dich nicht auskennst. Es erfordert von dir Aufwand und/oder Konzentration, dich damit auseinanderzusetzen – und mehr Aufwand bedeutet zunächst, dass es unangenehm für dich ist, dich damit auseinanderzusetzen. Konkret geht es um drei Ängste, die dir außerhalb der Komfortzone begegnen können:

• Du musst dich mit etwas Unbekanntem auseinandersetzen, das du noch nicht richtig einschätzen kannst.

• Du könntest etwas verlieren, das du aktuell besitzt, oder scheitern.

• Du musst dich neu beweisen und kannst dich nicht auf dem ausruhen, was du bisher geleistet hast.

Wo liegt die Gefahr innerhalb der Komfortzone?

Jetzt stell dir einmal Folgendes vor: Plötzlich gibt es eine neue Autobahn oder eine Bahnlinie, mit der du auf deinem Arbeitsweg etwas Zeit sparst. Was genau tust du? Nutzt du den neuen Weg zur Arbeit oder wirst du weiter den alten Weg nehmen, weil er ja funktioniert und für dich bequem ist?

Die Antworten auf diese Frage werden variieren und sind auch abhängig von der Größe der Zeitersparnis. Von „Ja, nehme ich auf jeden Fall" über „Muss ich erst einmal ausprobieren" bis hin zu „Nein, ich lasse alles, wie es ist" wirst du jede erdenkliche Antwort hören. Häufig schwingt jedoch ein gewisses Misstrauen mit, das zuerst den Vergleich zur aktuellen Routine erfordert. Sprich: Ist eine Änderung der Gewohnheit wirklich besser?

Obwohl sie es in dem Fall wirklich ist. Selbst wenn du nur drei Minuten Weg im Schnitt sparst, sind das sechs Minuten pro Tag und bei 220 Arbeitstagen im Jahr ganze 1.320 Minuten oder zwölf Stunden. Trotzdem sind wir so gepolt, dass wir uns zunächst damit auseinandersetzen müssen, ob dieses Verlassen unserer Komfortzone uns auch tatsächlich in den Kram passt – effektiver Nutzen hin oder her.

Und genau da liegt die Gefahr der Komfortzone. Es ist so schön einfach, einfach darin zu bleiben. Genau wie späte Teenager oder frühe Twens sich manchmal dagegen sperren, zu Hause auszuziehen, verlassen wir das bequeme Nest der Komfortzone nur ungern. Es ist mit Aufwand verbunden, und ob es wirklich besser für uns ist, steht schließlich irgendwo in den Sternen.

Das Kriterium „Das ist das Beste für mich" kennt die Komfortzone allerdings nur vermeintlich. Sie sagt einfach nur aus, dass wir irgendeinen Weg gefunden haben, mit unserer Situation umzugehen. Aber ob das wirklich der beste Weg ist, DAS steht in den Sternen und erfordert ständige Hinterfragung der Gegebenheiten, wenn wir das wirklich herausfinden wollen.

„WER WILL FINDET WEGE,
WER NICHT WILL,
DER FINDET GRÜNDE."

Genau aus diesem Grund ist die Komfortzone für deinen Erfolg alles andere als förderlich. Erfolg bedeutete Verbesserung, Verbesserung bedeutet Veränderung – und die wird durch die Komfortzone verhindert. Willst du wirklich Erfolg haben, liegt alles, was du erreichen und umsetzen möchtest, außerhalb der Komfortzone. Deshalb hinterfrage dich ständig, wo und wie du dich verbessern kannst. Doch wie kannst du deine Komfortzone verlassen?

Das Ziel ist der Weg aus der Komfortzone

Die Antwort ist simpel: Es ist immer dein Ziel, das dich aus deiner Komfortzone herausführt. Du möchtest XY erreichen, also musst du Z tun. Die Spannweite von Zielen und dafür notwendigem Aufwand kann sehr stark variieren, schließlich sind von den einfachsten Gewohnheiten bis hin zu großen Lebenszielen alle erdenklichen Faktoren denkbar, die mit unserer Komfortzone in Verbindung stehen.

Die Kündigung meiner Festanstellung und Aufnahme meines Studiums zählten selbstverständlich zu den größeren Veränderungen in meinem Leben. Der Weg hinaus aus der Komfortzone war deutlich größer, länger und steiniger als eine Umstellung des Arbeitsweges – aber dafür war die Zielsetzung auch deutlich größer. Du musst bedenken: Der Nutzen für mich lag darin, mich für die nächsten 30, 40 Jahre beruflich so verwirklichen zu können, wie ich das gerne wollte. Dafür habe ich vorübergehend die berufliche und finanzielle Sicherheit, die ich damals hatte, geopfert – weil mein Ziel mir mehr Nutzen versprach, als ich Komfort dafür opfern musste.

Entsprechend kannst du davon ausgehen, dass der Grad des Unangenehmen je nach Größe des Ziels variiert. Je größer das Ziel, umso größer ist im Regelfall auch der Aufwand, den du dafür in Kauf nehmen musst, ebenso wie der Verlust deines aktuellen Komforts.

Natürlich ist es nicht damit getan, dass du dir jetzt einfach ein

Ziel setzt und einfach blind drauf los agierst. In Kapitel 3 habe ich dir bereits gezeigt, wie man Ziele mit der S.M.A.R.T.-Technik konkretisieren und greifbar machen kann. Wenn du das getan hast, kannst du dir eines von deinen Zielen herausgreifen. Schreibe dir auf einem Blatt Papier auf die eine Seite alle positiven Faktoren, die du mit einer Umsetzung dieses Ziels verbindest.

- Wie würde sich dein Leben verändern, wenn du dieses Ziel erreicht hättest?
- Warum würde es dir besser damit gehen als in deiner aktuellen Situation?

Auf die andere Seite schreibst du alles, welche Umstellungen und Einbußen damit verbunden wären und was du dafür tun musst.

- Auf welche aktuellen Annehmlichkeiten müsstest du verzichten?
- Welche Einbußen jeglicher Art müsstest du in Kauf nehmen?
- Vor welche Probleme würde dich das Verlassen der Komfortzone stellen?
- Welche Umstellungen für deinen täglichen Ablauf hätten sie zur Folge?

Bei meiner Entscheidung für das Studium hätte diese Liste in etwa so ausgesehen:

Positive Veränderungen

- Ich kann mich in einem Bereich weiterbilden, der mich interessiert und der mir liegt.
- Ich kann mich für den Rest meines Lebens in einem Bereich verwirklichen, in dem ich tätig sein möchte.
- Ich verbessere meine Fachkompetenz und erweitere meinen Horizont.
- Ich fordere mich und erreiche dadurch mehr im Leben, als wenn ich in meiner aktuellen Situation verharre.
- Ich habe viel Spaß auf Studentenparties :-)

Negative Einbußen

- Ich gebe meine sichere Festanstellung auf.

- Ich verdiene zunächst einmal kein gutes Geld im Studium.

- Dadurch werde ich einen Mehraufwand haben, da ich neben dem Studium noch irgendwie für meinen Lebensunterhalt sorgen muss. Mein Tagesablauf wird sich in die Länge ziehen.

- Ich muss mein privates Umfeld davon überzeugen, dass der Weg für mich der Richtige ist, denn die werden mich auch alle mit diesen Bedenken konfrontieren.

Und mit dieser Liste kannst du nun abwägen, ob das Ziel es wert ist, deinen Komfort zu einem gewissen Grad aufzugeben, oder ob die Einbußen den Nutzen übersteigen.

Der Nutzen wird umso größer, je mehr du für dieses Ziel brennst. Wenn du dir im obigen Beispiel einfach nur überlegst, dass es ja ganz schön wäre, vielleicht das Studium durchzuziehen, um dann gegebenenfalls später etwas besser zurechtzukommen und sich etwas wohler zu fühlen als aktuell – gut, dann lass es lieber. Aber wenn du sagst, dass genau das dein Ding ist, du das unbedingt machen möchtest und einfach nicht glücklich wirst, wenn du es nicht machst – dann leg los. Beweg deinen Arsch!

Das Trügerische der Sicherheit

Egal, um welches Ziel es geht: Du wirst immer zu einem gewissen Grad Sicherheit aufgeben müssen, wenn du dich aus deiner Komfortzone bewegst. Du verlässt sozusagen den Schutz des sicheren Nests, das du um dich herum aufgebaut hast. Allerdings ist das aus zwei Gründen wichtig.

Einerseits sorgt die Sicherheit nicht dafür, dass du dich im Leben verwirklichen kannst, sie hemmt dich sogar eher. Nehmen wir beispielsweise die Liste zu meinem Studium oben. Was wäre die Konsequenz daraus gewesen, wenn ich diesen Schritt nicht gegangen wäre? Ich wäre nicht in einem Bereich gelandet, der mir liegt und mir Spaß macht. Ich hätte mich selbst nicht verwirklicht, nicht weitergebildet und weniger erreicht. Ich hätte mein Leben trotzdem gelebt und wäre meinen Weg gegangen. Aber ich hätte definitiv nicht das im Leben erreicht, was ich erreichen wollte und will. Und ich wäre möglicherweise sogar unglücklich damit gewesen.

Was mir auch Angst bereitet ist der Gedanke, wenn ich einmal alt bin und auf dem Sterbebett auf mein Leben zurückblicke. Was denke ich dann? Bereue ich dann all die Sachen, die ich nicht gemacht habe? Die viele Zeit, die ich sinnlos vergeudet habe? Ich will mir später eine Frage wie "Was wäre geworden, wenn ich dieses oder jenes einfach durchgezogen hätte, statt mich bequem in meiner Komfortzone zu verstecken?" nicht stellen müssen!

Wäre dieser Preis es wert gewesen, die dagegen stehende Sicherheit zu behalten? Ich habe für mich entschieden, dass er das nicht gewesen wäre. Ist das ein Preis, den du dafür tragen möchtest, mehr Sicherheit zu haben? Diese Entscheidung kannst nur du für dich treffen, aber stell dir genau diese Frage, wenn du darüber nachdenkst, ob du in deiner Komfortzone bleibst oder sie verlässt.

Der zweite Grund liegt darin, dass unsere Komfortzone nicht danach urteilt, ob das, was wir aktuell machen, gerade langfristig das Beste für uns ist. Ein tolles Beispiel in diesem Zusammenhang ist das Rauchen. Raucher empfinden es als sehr schwer und unangenehm, mit dem Rauchen aufzuhören. Also ist es bequemer, weiterhin zu rauchen. Die Konsequenz ist unter Umständen ein früher Tod, schwere Krankheiten, Atemnot und generell ein schlechterer Gesundheitszustand. Langfristig resultieren gravierende Probleme daraus, obwohl das Weiterrauchen definitiv in der Komfortzone liegt. Aber unbestreitbar ist auch, dass uns die Komfortzone in dieser Hinsicht schweren Schaden zufügen kann.

Ähnlich kann das in anderen Bereichen aussehen. Stell dir beispielsweise vor, ich hätte mein Studium nicht absolviert und wäre in meiner sicheren Festanstellung mehr und mehr unglücklich geworden. Das hätte mich als Person und damit auch mein privates Leben belastet. Irgendwann wäre ich möglicherweise zu dem Schluss gekommen, dass ich das nicht mehr weitermachen kann. Und dann?

Nun wäre ich in einer Situation gewesen, in der ich nicht mehr die Wahl gehabt hätte, was ich machen möchte, sondern den Druck, etwas machen zu müssen. Aber: Hätte ich jetzt noch die gleichen Möglichkeiten gehabt wie vor 10, 15 oder 20 Jahren? Und hätte ich mir die 10, 15 oder 20 Jahre, die dieser Prozess mich mehr und mehr belastet hätte, nicht einfach sparen können?

Schließlich hätte es für alle Probleme, die die zunächst „unangenehme" Entscheidung mit sich gebracht hätte, auch eine Lösung gegeben. Eine persönliche Einschränkung des Lebensstandards im Studium ist normal, aber eben temporär, wenn ich mein Ziel erreiche. Und eine alternative Lösung, um trotzdem noch vernünftig leben zu können, indem ich Geld im Studium dazu verdiene, habe ich gefunden. Entsprechend war es halb so schlimm. Das ist ein weiterer wichtiger Ansatz auf deinem Weg: Wenn du auf Probleme stößt, suche nach Lösungen dafür. Dann ist das Unangenehme meist gar nicht mehr so unangenehm, wie man es im ersten Moment glauben mag.

In dieser Hinsicht musst du es generell als Privileg verstehen, überhaupt jetzt und in diesem Moment eine Entscheidung treffen zu dürfen. Dieses Privileg solltest du für dich nutzen, um dein

Leben genau so auszurichten, wie du es gerne leben möchtest. Und wenn du Veränderung möchtest, liegt diese Entscheidung zwangsläufig außerhalb deiner Komfortzone.

Praktische Tipps, um die
Komfortzone zu verlassen

Der Weg aus der Komfortzone ist nicht einfach, gerade, da er mit konkreten Ängsten verbunden ist. Aber im Grunde genommen schaffst du dir, wenn du dich aus deiner Komfortzone begibst, nach und nach eine neue Komfortzone, nämlich dadurch, dass das Unbekannte, Unberechenbare im Laufe der Zeit berechenbarer und bekannter wird, was auch die damit verbundenen Ängste immer mehr abmildert.

Wenn du Schwierigkeiten hast, deine Komfortzone zu verlassen, dann kannst du dich diesem Weg Schritt für Schritt annähern, um es dir zu erleichtern. Überlege dir zum Beispiel eine einfache Sache, bei der du dich unwohl fühlst, obwohl sie an sich eigentlich gar nicht so schlimm ist. Empfindest du es beispielsweise als sehr unangenehm, fremde Menschen anzusprechen oder eine bestimmte Aufgabe zu erledigen?

Dann setze dich doch einfach einmal kurz genau dieser Situation aus. Sprich jemanden auf der Straße an und frage nach der Uhrzeit oder dem Weg oder beschäftige dich für kurze Zeit mit einer für dich unangenehmen Aufgabe. Versuche, dabei darauf zu achten, was genau und warum die Situation für dich unangenehm ist. Und vor allem: Haben sich deine Ängste durch die Ausübung der Aktion in vollem Maße bestätigt?

Mein Freund und Geschäftspartner Alexander Marci ist digitaler Nomade, freiheitsliebend und Flirtcoach. Er veranstaltet regelmäßig eigene 30 Tage Challenges, um sich selber herauszufordern - und um so aus der Komfortzone auszubrechen und neue Gewohnheiten zu entwickeln. Das sind oft banal klingende Challenges, die aber einen nachhaltigen Impact auf seine persönliche Entwicklung haben. In seinem Fall z.B. 30 Tage lang jeden Tag ein YouTube-Video aufnehmen, 30 Tage lang meditieren oder Yoga machen oder sich einfach mal mit einer Gitarre in die Fußgängerzone zu setzen und zu spielen.

Als einer von Deutschlands erfolgreichsten Flirtcoaches weiß Alex auch ganz genau, dass für einen Mann das initiale Ansprechen einer Frau oft das größte Hindernis im Kennenlernprozess ist. Im Prinzip liegt das an der Komfortzone des Mannes. Denn es gibt keine logischen Gründe, warum der Mann die Frau auf der anderen Straßenseite jetzt nicht ansprechen sollte. Er hat ja quasi nichts zu verlieren. Aber es liegt wahrscheinlich außerhalb seiner Komfortzone - und daher tun es die meisten Männer dann doch nicht.

Alex arbeitet so intensiv an seinen eigenen Gewohnheiten und seiner Komfortzone, dass er unwissentlich sogar schon mal eine meiner Ex-Freundinnen im Supermarkt angesprochen hat. Natürlich hat sie ihn erkannt und abblitzen lassen - aber heute können wir alle gemeinsam köstlich über diese Story lachen. :-)

Grundsätzlich ist der wichtigste Schritt auf dem Weg aus der Komfortzone der, zu akzeptieren, dass Unangenehmes zum Leben dazugehört. Allerdings wird die kontinuierliche Auseinandersetzung damit dazu führen, dass dir Dinge weniger unangenehm werden. Würdest du den unangenehmen Vorgang wieder und wieder ausführen, würde er von Mal zu Mal normaler für dich und weniger unangenehm werden.

Es ist normal, dass wir die Komfortzone als sichere Behausung empfinden. Das darf uns jedoch nicht daran hindern, sie zu verlassen, wenn es notwendig und für uns wichtig ist. So kannst du dich Schritt für Schritt aus ihr herausarbeiten, deinen Horizont erweitern und deine Komfortzone vergrößern.

Überprüfe dabei regelmäßig deine Fortschritte, denn so bekommst du auch ein Gefühl dafür, was du bereits geschafft hast. So vergrößert sich dein Selbstvertrauen und erleichtert dir den Gang aus der Komfortzone zusätzlich. Du wirst weniger Unbekanntes als unangenehm empfinden und dich leichter darauf einlassen können.

Was bringt mir das Verlassen der Komfortzone

Abschließend möchte ich dir in diesem Kapitel aufzeigen, was du alles erreichen kannst, wenn du deine Komfortzone mehr und mehr verlässt. Schließlich soll es sich für dich lohnen, dass du diesen Aufwand auf dich nimmst. Aber in vielen Punkten hast du bestimmt schon erkannt, warum es für dich wichtig ist, dich auch außerhalb deiner Komfortzone zu bewegen, oder?

Gerade wenn du am Anfang dieses Prozesses stehst, ist Prokrastination bei ganz vielen Menschen ein Problem. Sie wird umgangssprachlich auch als „Aufschieberitis" bezeichnet. Es bedeutet nichts anderes, als dass du gerade für dich unangenehme Aufgaben nur schwer bewältigen kannst und sie nach Möglichkeit so weit hinausschiebst, bis du sie nicht mehr aufschieben kannst. Ist dieser Punkt erreicht, hast du den Stress, dich irgendwie mit geballter Kraft mit der unangenehmen Aufgabe auseinanderzusetzen. Wird es jetzt nicht erst recht unangenehm?

Dieses Problem wird sich im Laufe der Zeit mehr und mehr von selbst erledigen. Wenn du dich regelmäßig mit dem Unangenehmen auseinandersetzt, wirst du dich daran gewöhnen, mehr damit zu tun zu haben und auch unangenehme Aufgaben schneller und effizienter zu erledigen. So hast du früher die Möglichkeit, Probleme zu beseitigen und dich bis zum nächsten Problem zufrieden zurückzulehnen – oder gleich neue Probleme anzugehen. Dein Fortschritt und deine Agilität werden sich Stück für Stück immer weiter verbessern, weil deine Angst immer mehr verschwindet.

Ebenso wirst du auf dieser Grundlage mutiger. Du wirst selbstbewusster und dir mehr zutrauen. Entsprechend wirst du auch vor großen Entscheidungen, die dein Leben gravierend beeinflussen können, nicht mehr so sehr zurückschrecken, weil du deine Komfortzone gar nicht mehr so stark brauchst, wie das vielleicht bisher der Fall war. Und genau auf diesem Wege schaffst du es, dein Leben zu verbessern und das zu erreichen, was du dir vornimmst. Ist das nicht ein Ziel, das es wert wäre, dafür zu arbeiten?

„IM LEBEN GEHT ES NICHT DARUM ZU WARTEN, DASS DAS UNWETTER VORBEIZIEHT, SONDERN ZU LERNEN IM REGEN ZU TANZEN."

9

Gewohnheiten: Wie sie dir schaden, wie sie dir nützen

*Nutze Gewohnheiten, um dir
einmal Vorteil zu verschaffen*

Gewohnheiten sind ein elementarer Bestandteil unserer Komfortzone. Und auch wenn wir sie ständig hinterfragen müssen, um herauszufinden, ob unser standardisiertes Verhalten tatsächlich das Beste für uns ist, können wir Gewohnheiten auch zu unserem Vorteil nutzen. Das gelingt genau dann, wenn wir ein positives Verhalten finden, zu dem wir uns gar nicht selbst aufraffen müssen, sondern das als Routine quasi von selbst abgespielt wird. Wie du das zu deinem Vorteil nutzen kannst, zeige ich dir in diesem Kapitel. Doch zunächst sollten wir klären, wie Gewohnheiten überhaupt funktionieren.

Der Ablauf bei der Entstehung einer Gewohnheit ist immer relativ gleich:

- Ein Gedanke führt zu einer Tat: Wir überlegen uns zu Beginn in einer Situation, die wir so noch nicht erlebt haben, bewusst, wie wir handeln.

- Eine Tat führt zu einer Gewohnheit: Sind wir mit unserem Verhalten erfolgreich und künftig vergleichbaren Situationen ausgesetzt, erinnern wir uns im Regelfall an unser vorheriges Verhalten und setzen es erneut nach diesem Muster um. Eine

Gewohnheit schleift sich ein.

- Die Gewohnheit prägt unseren Charakter: Nahezu jede Gewohnheit, die wir uns antrainieren, wirkt sich auf uns entweder positiv oder negativ aus. Unsere charakterliche Prägung entwickelt sich auf Basis unserer antrainierten Gewohnheiten weiter.

- Unser Charakter prägt unser Leben.

Nicht jede Gewohnheit prägt unser Leben intensiv, aber je nach Einfluss der Gewohnheit können wir ein ganzes Leben lang von ihr profitieren – oder unter ihr leiden.

Genau aus diesem Grund ist es unglaublich wichtig, dass wir versuchen, Gewohnheiten zu unserem Vorteil zu nutzen. Die Tragweite unseres routiniert abgespielten Verhaltens ist uns häufig nämlich gar nicht bewusst. Wissenschaftlichen Schätzungen zufolge basieren 30 bis 50 Prozent unseres täglichen Handelns auf Gewohnheiten (Bas Verplanken, Professor für Sozialpsychologie, University of Bath im Jahr 2015).

Doch wie funktionieren Gewohnheiten überhaupt?

Wenn wir uns Gedanken über eine Handlung machen und eine Entscheidung treffen, sind dafür bestimmte Hirnareale zuständig, die uns das komplexe Denken ermöglichen. Mithilfe dieser treffen wir die Entscheidung, was wir machen wollen. Stehen wir später noch einmal vor der gleichen oder einer ähnlichen Situation, können wir das einmal angewendete Verhalten erneut für uns nutzen. Die Voraussetzung ist, dass wir uns noch daran erinnern und dass das Verhalten aus unserer Sicht zum Erfolg geführt hat. Sonst wählen wir einen anderen Lösungsweg.

Am Beispiel deines Arbeitsweges würdest du dir zunächst eine Route oder Bahnstrecke suchen, die du für dich nutzen kannst, sobald du in deinem Job anfängst. Du probierst diese Route aus, und wenn sie für dich funktioniert, wirst du die gleiche Route wahrscheinlich immer wieder nutzen. Je länger du die Route nutzt, umso weniger musst du darüber nachdenken, was du tust – das Verhalten wird von selbst abgespielt und du hast, salopp formuliert, deine Ruhe vor diesem Problem. Das funktioniert solange, bis du – aus welchem Grund auch immer – entweder keinen Erfolg mehr mit diesem Verhalten hast oder bis du eine Gewohnheit findest, die diese alte Gewohnheit ablösen kann.

Während dieses Prozesses findet im Gehirn eine Veränderung statt. Je länger du die Route nutzt, umso weniger werden dafür die Hirnregionen für komplexe Denkprozesse und Entscheidungen genutzt. Stattdessen sind nun die Basalganglien tief im Inneren des Gehirns aktiv. Früher nahm man an, dass diese für Reflexe und instinktives Handeln zuständig sind. Heute spricht man eher von einer Art Handlungsgedächtnis.

Aber so verkehrt ist der Gedanke eines Reflexes in diesem Zusammenhang gar nicht. Ein Reiz löst ein bei dir im Kopf eingespeichertes Programm aus, und das spielst du, wenn du dich nicht dagegen wehrst, ab, bis es abgeschlossen ist.

Biologisch betrachtet handelt es sich um Vereinfachungsprogramme, um regelmäßige Handlungen ohne Nachdenken ausführen zu können. Dadurch sparst du Energie und Kapazität, um über wirklich wichtige Dinge nachdenken zu können. Kindern beispielsweise müssen alle diese Routinen erst beigebracht werden. Fahrradfahren, Schnürsenkel zubinden, zu bestimmten Zeiten aufstehen – all das kennen Kinder erst einmal nicht, bis sie sich diese Gewohnheiten nach und nach aneignen.

Welche Gewohnheiten nützen dir, welche schaden dir?

Die Komfortzone und Gewohnheiten sind eng miteinander verwoben. Deshalb unterscheiden auch Gewohnheiten nicht, ob ein Verhalten gut für uns ist oder nicht. Es hat uns subjektiv betrachtet einen Erfolg verschafft, aber die Gewohnheit kann nicht planen, welche langfristigen Auswirkungen sie auf uns hat.

Deshalb ist es wichtig, dass du erkennst, welche Gewohnheiten dir nützen und welche dir schaden. In Kapitel 1 habe ich dir einen kleinen Überblick darüber gegeben, welche Gewohnheiten ich für sinnvoll halte und welche pure Zeitverschwendung sind.

Ich persönlich bilde mich ständig weiter, indem ich lese. Wenn du dir die erfolgreichsten Unternehmer weltweit anschaust, wirst du darunter keinen finden, der sich nicht auf diese Weise weiterbildet. Bildung ist dein Kapital, weil sie dir Prozess- und Strukturoptimierung ermöglicht.

Für den körperlichen und geistigen Ausgleich sind Sport, Yoga und Meditation sinnvolle Beschäftigungen. Ein vitaler Körper und ein gesunder Geist sind hervorragende Voraussetzungen, um erfolgreich zu sein.

Negativ hingegen sind völlig belanglose Beschäftigungen, die dich im Leben keinen Millimeter weiterbringen, beispielsweise Fernsehen, oder die dir generell langfristig schaden, beispielsweise das Rauchen.

Wie beeinflusse ich meine Gewohnheiten?

Die Grundlage dafür findest du zuerst in deinem Bewusstsein für die Gewohnheiten. Du musst herausfinden, welche Gewohnheiten du hast und welche davon dich positiv beeinflussen, welche negativ. Die positiven Gewohnheiten solltest du beibehalten oder verstärken, die Negativen hingegen beseitigen.

Damit du das herausfindest, solltest du dir die folgenden Fragen stellen:

Welche Gewohnheiten habe ich?

Versuche, bewusst darauf zu achten, dann erkennst du deine Gewohnheiten. Nimm dir beispielsweise für einen Tag oder eine ganze Woche vor, dein Verhalten näher zu beobachten. Welche äußeren Reize müssen gesetzt werden, damit du welches Verhalten ausführst? Was machst du beispielsweise nach dem Aufstehen? Gerade hier wirst du fast nur Routine bis zum Arbeitsplatz finden. Was machst du als erstes, wenn du am Arbeitsplatz bist? Liest du Mails, widmest du dich anderen Standardaufgaben oder arbeitest du direkt an speziellen Projekten? Wie klingt dein Arbeitstag aus und wie verbringst du deine Zeit nach der Arbeit? All das ist zu großen Teilen von Gewohnheiten geprägt.

Welche dieser Gewohnheiten bringen dir einen Nutzen, welche behindern dich oder schaden dir?

Hier gibt es nicht viele Gewohnheiten, die als neutral gesehen werden können. Jede Gewohnheit beeinflusst und prägt dich in gewisser Weise – entweder positiv oder negativ. Versuche herauszufinden, welche es sind, die dir nicht nützen.

Welche Verhaltensweisen machen dich stolz, für welche schämst du dich?

Es gibt Gewohnheiten, gegenüber denen du eine emotionale Verbindung hast. Stolz und Scham sind Beispiele für den Ausdruck dessen, was du für dich als richtig oder falsch, als gut oder schlecht empfindest. Je mehr Gewohnheiten du findest, auf die du stolz bist, umso eher kannst du davon ausgehen, dass du dein Leben nach deinen Vorstellungen und Wünschen ausrichtest. Je mehr Gewohnheiten du hast, die dir unangenehm sind, umso weniger stimmt dein Leben mit deinen Idealvorstellungen überein.

Bist du dir nicht ganz sicher, ob eine Gewohnheit für dich positiv oder negativ ist, solltest du dir überlegen, wie sie sich langfristig auf dein Leben auswirkt. Was wird die Gewohnheit in 10, 15 oder 20 Jahren mit dir gemacht haben? Wirst du mit ihr besser oder schlechter dastehen? An dieser Stelle gerne noch einmal der Verweis darauf, dass dich ein Kaffee bei Starbucks am Tag in deinem Leben 100.000 Euro kosten kann – genau in dieser Langfristigkeit solltest du denken.

Hast du nun eine Übersicht darüber, welche Gewohnheiten du hast und ob sie dich positiv oder negativ prägen, kannst du versuchen, sie zu verändern. Das kann auf zwei Arten gelingen: Entweder versuchst du, neue, positive Gewohnheiten zu deinem Verhaltenspool hinzuzufügen. Oder du versuchst, dir negative Verhaltensweisen abzugewöhnen. Wie beides funktioniert, zeige ich dir in den nächsten Absätzen.

Wie du positive Verhaltensweisen in dein Leben integrierst

Bei Gewohnheiten ist es wie mit deinen anderen Handlungen: Motivation ist der Schlüssel zum Erfolg. Um Gewohnheiten zu schaffen, muss dein neuronales Nervensystem aktiviert werden. Dieses aktiviert sich über Motivation, Routine und Erfolg, wobei gerade Motivation und Erfolg ausschlaggebend sind.

Das heißt für dich: Wenn du etwas gerne tust, wirst du viel leichter eine Gewohnheit daraus entwickeln können, genauso wenn du hinterher ein Erfolgserlebnis verspürst. Wenn dich dein Partner regelmäßig darauf aufmerksam macht, dass du den Toilettendeckel oben lässt oder die Zahnpastatube nicht zuschraubst, dann kann das daran liegen, dass dich das schlicht nicht interessiert. Du siehst keine große Motivation, das zu tun, und verspürst auch keinen Erfolg, wenn du es getan hast. Hast du keine Lust auf eine Handlung, dann interessiert sich auch dein Nervensystem nicht dafür, selbst wenn du sie öfter ausführst.

Umgekehrt funktioniert das genauso. Falls du deine Laufschuhe nach dem Aufstehen siehst und direkt Lust aufs Joggen bekommst, wirst du das viel mehr für dich nutzen können, um eine Gewohnheit daraus zu entwickeln.

Wenn du für dich auf dieser Grundlage entscheidest, direkt morgens joggen zu gehen, dann hast du gute Chancen, das auch häufiger zu tun – im besten Fall jeden morgen. Wenn dich der Anblick hingegen völlig nervt, weil du dich wieder 15, 30 oder 60 Minuten abquälen musst, wird dir das deutlich schwerer fallen.

Das bedeutet, dass du Gewohnheiten genau dann integrieren kannst, wenn du zu bestimmten Zeiten oder in bestimmten Situationen einen positiven Reiz setzen kannst. Versuche, genau diesen positiven Ansatz zu finden und dann konsequent zu verfolgen. Fokussiere dich genau auf diese drei Faktoren:

Motivation oder Lust

Das, was du tust, muss dir Spaß machen. Oder du findest gute Gründe dafür, es zu tun. Dann hast du eine Grundlage dafür, es auch regelmäßig zu tun. Um deiner Motivation kein unüberwindbares Hindernis entgegenzusetzen, solltest du in kleinen Schritten anfangen, das Verhalten zu integrieren. Versuchst du beispielsweise aus dem Stand, 60 Minuten zu joggen, ohne das vorher gemacht zu haben, wirst du schnell den Eindruck bekommen, dass deine Motivation diesen schier unmenschlichen Aufwand nicht wert ist. Fängst du jedoch langsam mit fünf oder zehn Minuten an und steigerst dich dann Schritt für Schritt, wird dich dein Ziel nicht überfordern, und du hast die Möglichkeit, die Gewohnheit langfristig zu integrieren.

Routine

Du musst deine neue Gewohnheit regelmäßig ausüben. Andernfalls kann dein Verhalten nicht zur Gewohnheit werden. Plane dabei auf jeden Fall Situationen ein, in denen die Routine nicht möglich ist. Dadurch kannst du deine Routine schneller wieder verlieren, als dir lieb ist. Wenn du beispielsweise an bestimmten Tagen zum Sport gehen möchtest, aber länger arbeiten musst oder unerwartet Besuch bekommst, überlege dir, was du tun wirst. Hast du keinen Alternativplan, passiert dir das ein- bis zweimal, und du resignierst möglicherweise schon, weil die Regelmäßigkeit bereits wieder weg ist.

Besonders hilfreich sind dafür Wenn-Dann-Überlegungen. Zum Beispiel:

- Wenn unerwartet Besuch kommt, gehe ich nicht zum Sport, aber mache einen Spaziergang mit meinem Besuch. So halte ich meine Bewegungsgewohnheit aufrecht.
- Wenn ich länger arbeiten muss, mache ich kein volles Trainingsprogramm, sondern arbeite 20 Minuten auf dem Stepper oder Crosstrainer.
- ·Wenn ich krank bin, unternehme ich einen einfachen Spa-

ziergang an der frischen Luft.

So kannst du zwar nicht deiner geplanten Gewohnheit nachgehen, behältst für dich im möglichen Maße allerdings eine Routine aufrecht. Und vor allem: Du bist auf Eventualitäten vorbereitet.

Erfolg oder Belohnung

Der Erfolg deiner Handlung ist häufig bereits eine große Motivation, das Verhalten erneut auszuführen. Allerdings musst du bedenken, dass er sich manchmal erst zeitversetzt einstellt. Wenn du jahrelang keinen Sport getrieben hast und jetzt wieder damit anfängst, wirst du am Anfang einfach nur kaputt sein. Nach wenigen Malen wirst du aber feststellen, dass es dir danach besser geht und es dich weniger anstrengt.

Ähnlich ist es, wenn du mit dem Rauchen aufhörst. Am Anfang wirst du einfach nervös sein und dich unwohl fühlen. Aber je weiter du es durchziehst, umso mehr wirst du wahrnehmen, wie dein Körper gesünder, kräftiger und ausdauernder wird.

Schaffst du es partout nicht, einen Erfolg in deinem Verhalten zu erkennen, dann kannst du alternativ auch mit Belohnungen arbeiten. Wenn du fünfmal beim Sport warst, kannst du dir eine Massage, einen Saunabesuch oder ein entspannendes Bad gönnen. Nimm dir dann auf jeden Fall die Zeit, dich zu belohnen, sonst wird sich deine Gewohnheit von dir verabschieden, bevor sie richtig da war.

Ganz wichtig ist, dass du das Belohnungsverhalten nicht überstrapazierst, variierst und die zeitlichen Abstände für eine Belohnung im Laufe der Zeit vergrößerst. Sonst wird die Belohnung irgendwann selbst zur Routine. Es fehlt das Besondere der Belohnung, weshalb es irgendwann schlicht nicht mehr funktioniert.

Wie du dir negative Gewohnheiten abgewöhnst

Bei den negativen Gewohnheiten ist es etwas komplizierter. Wenn du plötzlich versuchst, etwas komplett anders zu machen, als es sich in deine neuronalen Windungen eingebrannt hat, dann ist das unangenehm und ungewohnt. Du hast zwei Möglichkeiten, damit umzugehen:

Du unterdrückst das Verhalten

Das hat zur Folge, dass dein Gehirn in bestimmten Situationen quasi auf Daueralarm geschaltet ist. Es schreit „Hallo, Hilfe! Hier läuft etwas verkehrt!" – und du musst jedes Mal, wenn du in einer solchen Situation bist, antworten:" Hallo Gehirn, alles in Ordnung. Das ist so geplant!"

Dieser Vorgang ist ermüdend und anstrengend. Und wenn du plötzlich in eine Situation kommst, in der du nicht mehr in der Lage bist, dein Gehirn in Schach zu halten, fällst du in dein altes Verhalten zurück.

In dieser Hinsicht solltest du Gewohnheiten als kleine Süchte betrachten. Sie funktionieren ähnlich, denn gewisse Reize versuchen, ein automatisches Programm auszulösen, das du aktiv verhindern musst. Dieser Weg ist undankbar, schwer und in vielen Fällen unnötig.

Du ersetzt das alte Verhalten durch ein Neues

Das ist der richtige Weg, wenn du es dir einfacher machen möchtest. Die Reize, die deine alte Gewohnheit ausgelöst haben, werden im Regelfall nicht verschwinden. Das bedeutet, dass du deinem Gehirn beibringen musst, diesen Reiz anders zu interpretieren. Du programmierst dein Gehirn also um.

Deshalb solltest du dir bei negativen Verhaltensweisen, die du pflegst, überlegen, was du stattdessen tun könntest. Hier sind ein paar Beispiele:

- Du möchtest mit dem Rauchen aufhören? Dann iss etwas Obst, wenn du den Drang dazu verspürst, oder jogge eine Runde um den Block.

- Du willst morgens keinen Kaffee mehr trinken? Dann koche dir stattdessen einen Tee.

- Du möchtest, wenn du abends nach Hause kommst, nicht mehr vor dem Fernseher versinken? Dann schnapp dir stattdessen ein Buch und verkrümel dich damit auf die Couch.

- Du möchtest in Streitsituationen nicht mehr laut werden? Dann verlasse die Situation und geh fünf Minuten spazieren.

Je öfter du diese alternativen Verhaltensweisen wiederholst, umso mehr werden sie sich bei dir als Alternative einbrennen – bis du in der Situation gar nicht mehr den Drang verspürst, dein altes Verhalten zu wiederholen. Du hast schließlich eine funktionierende Alternative gefunden.

Die richtige Situation für Verhaltensänderungen finden

Du solltest generell vorsichtig damit sein, dich mit Verhaltensänderungen zu überfordern. Es dauert seine Zeit, bis du alte Verhaltensweisen überwunden und neue Muster integriert hast. Das bedeutet gleichzeitig, dass du dich nicht überfordern darfst. Wenn du dir plötzlich vornimmst, dein ganzes Leben auf links zu krempeln, wird das normalerweise nicht funktionieren. Dein Gehirn wird zu oft Alarm schlagen, du wirst dich zu selten in deinem neuen Konstrukt wohlfühlen, ehe es dir ins Blut übergegangen ist.

Also nimm dir erstmal maximal ein bis zwei Verhaltensmuster vor, die du ändern möchtest, suche dir alternative, bessere Verhaltensmuster – und dann arbeite konsequent an ihnen, bis du sie automatisch ausführst. Das kann Wochen oder auch Monate dauern, bis es wirklich zuverlässig funktioniert und du wenig Aufwand damit hast.

Darüber hinaus gibt es Phasen mit einschneidenden Erlebnissen, die dich sofort stark verändern und dich aus deinem Gewohnheitstrott herausholen können. Das können Ereignisse wie Umzug, Jobwechsel, Urlaub, Schwangerschaft, Geburt, Scheidung oder der Tod von geliebten Menschen sein. In diesen Phasen fällt es dir leichter, aus dem Automatismus auszubrechen und plötzlich dein Gewohnheitsbild zu verändern.

Im Privatleben den richtigen Ausgleich finden

Zwar kümmern sich mehr und mehr Arbeitgeber um den Gesundheitszustand ihrer Angestellten mit verschiedenen Maßnahmen. Allerdings ist es noch lange nicht die Regel, dass du die Möglichkeit hast, einen Ausgleich am Arbeitsplatz zu finden. Deshalb musst du dir gerade im privaten Umfeld genau den Ausgleich schaffen, der es dir möglich macht, körperlich und geistig gesund, fit und ausgeglichen zu bleiben.

Dafür gibt es zahlreiche Möglichkeiten. Sinnvolle Beispiele dafür wären z.B.

Soziale Kontakte

Egal, ob Partner, Familie oder Freunde: Nichts gibt dir einen derart starken Rückhalt wie ein gutes soziales Umfeld, das dich auffängt, wenn es dir schlecht geht, oder mit dir gemeinsame Aktivitäten pflegt. Gerade wenn wir uns im Hinblick auf unsere Gewohnheiten selbst sozialem Druck aussetzen oder sie mit anderen gemeinsam umsetzen, kann das einen enormen Motivationsschub mit sich bringen.

Sport

Sport ist in jeder Hinsicht vor allem für den Körper, aber auch den Geist gesund. Du kannst gesundheitlichen Problemen wie Rückenproblemen, Übergewicht, Abgeschlagenheit und anderen negativen Faktoren mit dem richtigen Training problemlos entgegenwirken. Gleichzeitig steigt dein Selbstbewusstsein und du beugst psychischen Erkrankungen wie Depressionen vor.

Yoga, Lesen, autogenes Training

Damit schaffst du einen echten Ausgleich zu deinem Alltag und kannst innere Ruhe zurückgewinnen. So baust du Stress ab und wirst ausgeglichener.

Künstlerische und kreative Aktivitäten

Gerade wenn du das Gefühl hast, im Büroalltag zu versinken, kann es dir helfen, deine Kreativität privat auszuleben. Es ist völlig egal, ob du singst, ein Instrument spielst, malst oder Texte schreibst: Du kannst so eine Seite von dir ausleben, die du in deinem Berufsalltag möglicherweise gar nicht einbringen kannst.

Das sind natürlich nur Beispiele und diese Liste lässt sich fast endlos fortschreiben. Erlaubt ist alles, was dir guttut und dir nicht langfristig schadet.

Auf der anderen Seite stehen Aktivitäten, die keinen wirklichen Stressabbau herbeiführen, die verdrängen statt zu bewältigen und deinem Körper möglicherweise sogar gravierend schaden. Gemeint sind Aktivitäten wie vermehrtes Fernsehen, Rauchen, ständiges fast willkürliches Spielen und Surfen auf dem Smartphone oder Computer, vermehrter Alkoholkonsum etc. Denn auch wenn du dich damit im ersten Moment besser fühlst, wird es auf deinen Körper, deinen Geist, deine Gesundheit und deinen Stresspegel eher einen negativen Einfluss haben.

Deshalb solltest du dich darauf fokussieren, dein Privatleben mit sinnvollen Gewohnheiten zu füllen, die dir in irgendeiner Weise nutzen. Nicht nur dein persönlicher Erfolg wird es dir danken, sondern auch dein ganz persönliches Glück.

Wie Gewohnheiten und Rituale dich zu Höchstleistungen pushen können

Wie du es schaffst, deine beruflichen Abläufe so zu optimieren, dass du maximale Produktivität bei möglichst wenig belastendem Stress erreichst, zeige ich dir in den folgenden beiden Kapiteln zur Priorisierung deiner Abläufe und Strukturierung deines Zeitmanagements. Allerdings will ich dir an dieser stelle bereits Gewohnheiten und Rituale von erfolgreichen Persönlichkeiten vorstellen. Es ist nahezu egal, auf wen du dich beziehst: Sie alle haben feste Gewohnheiten, Tagesabläufe und Rituale, die sie strikt befolgen, um ihre maximale Leistungsfähigkeit zu erreichen.

Gerade bei Unternehmern und Künstlern sind feste Tagesabläufe sehr häufig zu finden. So beispielsweise sah ein typischer Tagesablauf von Steve Jobs aus:

- **6:00**
  Aufstehen und die ersten Arbeiten am Computer erledigen

- **7:00**
  Frühstück mit den Kindern

- **8:00**
  Weitere Arbeiten am Computer

- **9:00**
  Meetings mit verschiedenen Abteilungen von Apple

- **Mittag**
  Ende des Arbeitstages, häufig Ausklang im Design Lab von Apple

- **Abends**
  Abendessen und Zeit mit der Familie verbringen

Andere bekannte Personen hatten und haben noch weitaus speziellere Eigenheiten. Pablo Picasso schlief beispielsweise bis 11 Uhr, malte dafür jedoch bis in die Nacht hinein. Ludwig van Beethoven zählte genau 60 Kaffeebohnen für seinen morgendlichen Kaffee ab. Der französische Schriftsteller Victor Hugo nahm gerne gegen 11 Uhr ein Eisbad auf dem Dach. Bill Gates baut Stress ab, indem er abends den Abwasch macht und Bücher liest.

Ebenso gibt es Rituale, die dafür sorgen, dass man auf den Punkt Leistung abruft. Solche situativ eingeleiteten Rituale findest du vor allem im Spitzensport relativ häufig. Es werden stets gleiche

Verhaltensweisen vor Wettkämpfen aneinandergereiht, sodass die zu erbringende Leistung Bestandteil einer automatisch ablaufenden Handlungskette sind.

Ein Beispiel dafür ist Michael Phelps, ehemaliger Leistungsschwimmer und mit 28 Medaillen bis heute erfolgreichster Olympionike aller Zeiten. Sein Trainer Bob Bowman brachte ihm schon im Kindesalter bei, Rituale in sein Leben zu integrieren und Entspannungstechniken zu entwickeln. Im Teenageralter hielt er Phelps dazu an, sich vor dem Einschlafen ein Videotape des perfekten Rennens vorzustellen. Wenn Bowman im Training später wollte, dass Phelps in Wettkampfgeschwindigkeit schwimmt, rief er ihm zu, dass er das Videotape einlegen soll.

Später spielte Phelps vor wichtigen Rennen stets die gleichen Routinen ab, die ihn durch den Wettkampf trugen. So sah eine typische Vorbereitung am Renntag wie folgt aus:

- **210 Minuten vor Rennbeginn**
  Frühstück mit Eiern, Haferflocken und Energy-Shakes

- **120 Minuten vor Rennbeginn**
  Dehnübungen

- **90 Minuten vor Rennbeginn**
  Aufwärmprogramm im Schwimmbecken

- **45 Minuten vor Rennbeginn**
  Verlassen des Beckens und Anlegen des Bodysuits

- **25 Minuten vor Rennbeginn**
  Phelps hört Hip-Hop und fokussiert sich auf das anstehende Rennen

So brachte sich Phelps durch immer die gleichen Routinen in immer die gleiche Stimmung vor dem Rennen. Die gewohnten Rituale halfen ihm dabei, sich vollständig zu fokussieren und so das Maximum aus sich herauszuholen.

Auf diese Weise liefern Gewohnheiten und Rituale ein Korsett für den Erfolg. In ihnen läuft alles möglichst stark in der Gewohnheit ab, was Ressourcen für die wirklich wichtigen Denk- und Kreativaufgaben freisetzt oder den Körper genau in den Fluss bringt, den er braucht, um auf den Punkt Leistung abrufen zu können.

Wie du dieses Korsett für dich selbst aufbaust und womit du am besten zurechtkommst, musst du für dich herausfinden. Wenn du jedoch feststellst, dass bestimmte Verhaltensweisen dir dabei helfen, mit dir selbst besser im Einklang zu sein und deine Produktivität zu steigern, dann versuche, sie zu einer Gewohnheit zu machen. Bist du Situationen ausgesetzt, in denen du auf den Punkt liefern musst, dann entwickle Rituale dafür, die dich genau in die nötige Stimmung und den Fokus bringen, deine Höchstleistung zum Zeitpunkt X abliefern zu können.

10

Zeitmanagement und Priorisierung

Das Pareto-Prinzip: Warum richtiges Zeitmanagement für die Effizienz Gold wert ist

Gute Arbeit erfordert Zeit, das ist nichts Neues. Im Rahmen unserer Arbeitszeit können wir immer nur ein bestimmtes Arbeitspensum bewältigen. Wenn wir versuchen, unsere Arbeit schneller auszuführen, um mehr Zeit zur Verfügung zu haben, setzen wir uns vermehrtem Stress aus und machen irgendwann Fehler. Entsprechend bringt uns das für die Effizienz nur zu einem bestimmten Grad einen Fortschritt.

Ist das Arbeitspensum dennoch größer, als es unsere Arbeit zulässt, fangen viele Unternehmer und Arbeitnehmer an, einfach länger zu arbeiten, in der Hoffnung, dass so ein immer größeres Pensum abgearbeitet werden kann.

Die Yerkes-Dodson-Kurve: Warum mehr Arbeit nicht mehr Produktivität fördert

Ganz davon abgesehen, dass wir unter großen Aufwendungen unsere (Frei-)Zeit und unseren persönlichen Ausgleich opfern und uns enormem Stress aussetzen, bringt es in Sachen Effizienz auch herzlich wenig, die Arbeitszeit einfach beliebig nach oben zu schrauben.

Ein Extrembeispiel in Sachen körperliche Auswirkungen kannst du in Japan finden. Dort arbeiten Menschen aus sozialem Druck heraus, für eine gute Überstundenbezahlung oder einfach weil sie es müssen häufig 12 bis 16 Stunden am Tag. Das Ergebnis ist, dass es dort den sogenannten Karoshi gibt.

Fällt dir spontan ein anderes Land ein, das ein eigenes Wort für den aus Überarbeitung resultierenden plötzlichen Tod durch Schlaganfall oder Herzinfarkt aufgrund von Stress kennt? Nicht nur das. Es gibt in Japan rund 40 (!) Kliniken, die sich auf Menschen mit Karoshi-Gefährdung spezialisiert haben.

In Sachen Produktivität kannst du ebenfalls davon ausgehen, dass du dich nicht beliebig zu weiterer Leistung pushen kannst. Das Problem: Unserer Denkkapazität sind Grenzen gesetzt. Das zeigt vor allem die sogenannte Yerkes-Dodson-Kurve. Die beiden Wissenschaftler fanden in ihren Arbeiten heraus, dass je nach Aktivierung durch äußere Reize die kognitive Leistungsfähigkeit bis zu einem bestimmten Punkt ansteigt. Auf ihrem Maximum stagniert die Leistungsfähigkeit nicht etwa, sondern fällt sofort rapide wieder ab, wenn darüber hinaus Reize gesetzt werden.

Das bedeutet, dass wir nur einer bestimmten Zeit äußeren Reizen ausgesetzt sein können, ohne dadurch Denkleistung einzubüßen. Hintergrund ist der, dass auch für unser Denken chemische Prozesse erforderlich sind. Die benötigen einfach ihre Zeit. Wenn eine Zelle zwecks Aktivierung gereizt wird, muss sie erst in ihren Normalzustand zurückkehren, um erneut aktiviert werden zu können. Irgendwann tritt eine Überreizung ein, und der Prozess funktioniert erst einmal nicht mehr.

Einfach ausgedrückt: Aus diesem Grund kannst du nicht einfach beliebig viel arbeiten, um beliebig viel zu schaffen, weil dein Kopf irgendwann zumacht. Entsprechend brauchst du Hilfsmittel, die dich dabei unterstützen, deine vorhandene Arbeitszeit möglichst effektiv zu nutzen.

Zeitmanagement und Priorisierung

Die wichtigsten Maßnahmen hierfür sind Zeitmanagement und Priorisierung. Zeitmanagement bedeutet dabei, dass du deine vorhandene Arbeitszeit möglichst so auf die zu erledigenden Aufgaben verteilst, dass du maximale Effizienz erreichst. Priorisierung hingegen bedeutet, dass du deinen Aufgabenbereich danach strukturierst, was sehr wichtig, weniger wichtig oder gar nicht wichtig ist.

Diese beiden Bereiche sind nur schwer getrennt voneinander zu behandeln. Zeitmanagement funktioniert nur, wenn du den wichtigsten Aufgaben die Zeit zukommen lässt, die sie benötigen. Priorisierung andererseits wird notwendig dadurch, dass die Zeit nicht reicht, alle Aufgaben sofort und selbst zu erledigen.

Auch ich musste mich seit jeher mit dem Zeitmanagement beschäftigen. Nicht, dass ich es nicht gern gemacht habe. Ich finde es wichtig, dass ich meine Zeit effektiv nutze. Entsprechend möchte ich das auch so gut wie möglich machen.

Andererseits ist es auch die Notwendigkeit, die uns dazu bringt, das möglichst anzustreben. Gerade wenn wir erfolgreich sein wollen, ist Zeit unser Kapital, in dessen Rahmen wir uns überhaupt verwirklichen können, und sie ist endlich. So musste ich neben meinem Studium damals noch das Pokern für meinen Lebensverdienst integriert bekommen. Also habe ich 11 Stunden am Pokertisch verbracht, wenn es meine Zeit zuließ.

Nutze das Pareto-Prinzip für dein Zeitmanagement

In Sachen Zeitmanagement ist das Pareto-Prinzip DAS Must-Have, das du dir unbedingt aneignen solltest. Unser natürlicher Standpunkt ist erst einmal der, dass wir mit 20 Prozent Aufwand 20 Prozent Ertrag ernten. Das ist allerdings nicht der Fall.

Der italienische Ökonom und Soziologe Vilfredo Pareto fand zu-

„TANZE, ALS WÜRDE NIEMAND
ZUSEHEN. LIEBE ALS WURDEST
DU NIEMALS VERLETZT.
SINGE ALS WÜRDE NIEMAND
ZUHÖREN. LEBE ALS WÄRE DER
HIMMEL AUF ERDEN." *MARK TWAIN*

nächst heraus, dass zu Beginn des 20. Jahrhunderts in Italien 20 Prozent der Bevölkerung 80 Prozent des Bodens besaßen. Im Jahr 1989 fand man heraus, dass zu diesem Zeitpunkt 20 Prozent der Weltbevölkerung knapp über 80 Prozent des weltweiten Vermögens besaßen.

Im Laufe der Zeit kristallisierte sich heraus, dass dieses Prinzip nicht nur auf Besitz, sondern auch auf verschiedene Sachverhalte im Hinblick auf Aufwand und Ertrag angewendet werden kann. Das Pareto-Prinzip wurde so zu weitaus mehr als einer einfachen Besitzverteilung. Mittlerweile bezeichnet man es als Prinzip der Ungleichverteilung zwischen Ursache und Wirkung, Aufwand und Ertrag, Anstrengung und Ergebnis.

Beispiele für die statistische Ungleichverteilung

Im Folgenden ein paar Beispiele, auf die Pareto zutreffen kann (!). Wichtig: Es funktioniert häufig, aber auch nicht in ausnahmslos jedem individuellen Fall. Deshalb reflektiere bei jedem Beispiel, ob es tatsächlich auch auf dich zutrifft und sieh es eher als Liste mit möglichen Ansatzpunkten.

- 20 Prozent der Produkte eines Unternehmens sorgen für 80 Prozent des Umsatzes.

- 20 Prozent der Kunden eines Unternehmens sorgen für 80 Prozent des Umsatzes.

- 20 Prozent der Mitarbeiter in einem Unternehmen sind für 80 Prozent der Krankheitstage verantwortlich.

- Mit 20 Prozent unserer Kontakte verbringen wir 80 Prozent unserer sozialen Aktivität.

- Mit 20 Prozent der eingespeicherten Telefonkontakte führen wir 80 Prozent unserer Telefonate.

- 20 Prozent des Teppichs leiden unter 80 Prozent des Verschleißes.

- 20 Prozent der Kunden sind für 80 Prozent der Reklamationen verantwortlich.

Wie du siehst, gibt es viele Anwendungsbeispiele für die Pareto-Regel, egal ob beruflich oder privat. Doch wie kannst du das Pareto-Prinzip nun dazu nutzen, dein Zeitmanagement zu optimieren?

Konzentriere dich auf die wichtigen Bestandteile

Wenn du vor einem Projekt stehst, es aber in der vorhandenen Zeit nicht zu 100 Prozent umsetzen kannst, brauchst du eine effiziente Herangehensweise. Wie in Kapitel 5 angeschnitten, besagt die Pareto-Regel, dass du mit 20 Prozent der Arbeit für das Projekt häufig bereits 80 Prozent des gewünschten Ergebnisses erreichen kannst.

Deshalb mache dir zu diesem Projekt eine Liste. Welche Aufgaben müssen alle erledigt werden, um es komplett nach deinen Vorstellungen umzusetzen? Und nun streichst du auf der Liste alles, was nicht benötigt wird, um viel zu erreichen.

Mache dir keine Sorgen, dass du dabei zu streng vorgehst, wenn dir schlicht die Zeit für alles fehlt. Bedenke: Wenn 20 Prozent der Arbeit 80 Prozent des Ergebnisses ausmachen, dann machen 80 Prozent der Arbeit 20 Prozent des Ergebnisses aus. Sprich: Sie sind nicht sonderlich effizient und kosten dich mehr Zeit, als sie dir an Nutzen einbringen. Konzentriere dich einfach nur auf die wesentlichen Kernaufgaben und du wirst in einer guten Zeit bereits brauchbare, wenn auch nicht perfekte Ergebnisse erreichen.

Wenn du dieses Prinzip verinnerlichst, wirst du lernen, deine Zeit den wichtigen Dingen zu widmen statt dich in den Details zu verlieren. So kannst du effizienter an Projekten arbeiten und musst dich – zumindest nicht selbst – bis zur endgültigen Perfektion mit ihnen beschäftigen.

Auf welche Weise kann ich das Pareto-Prinzip noch für mich nutzen?

Das Pareto-Prinzip musst du nicht ausschließlich für dein Zeitmanagement nutzen. Es kann dir auch enorm dabei helfen, Ursachenforschung zu den unterschiedlichsten Sachverhalten zu betreiben.

Ich habe dir oben einige Beispiele genannt, auf welche Bereiche die Pareto-Regel übertragen werden kann. Ich möchte jetzt gerne zwei dieser Beispiele noch einmal aufgreifen, um dir zu zeigen, wie du diese für dich nutzen kannst.

20 Prozent der Kunden sorgen für 80 Prozent des Umsatzes

Hat dein Unternehmen ganz besondere Kunden in seinem Stamm, die viel Umsatz generieren? Dann ist es zunächst wichtig, dass du dich vor allem auch um diese Kunden in besonderem Maße kümmerst. Die übrigen 80 Prozent der Kunden mögen ebenfalls nett, zahlungskräftig und wichtig für die Unternehmensstruktur sein, aber deine großen Kunden sind es, die dir am Monatsende das Essen auf den Tisch bringen.

Bitte versteh mich nicht falsch: Du sollst jetzt nicht dahergehen und jedem vor den Kopf stoßen, der nicht zu den 20 Prozent der Premiumkunden gehört. Aber du musst schon wirtschaftlich denken und alles in deiner Macht stehende tun, die größeren Kunden zu halten und zu fördern. Davon ist dein Unternehmen abhängig.

Andererseits gibt es tatsächlich Firmen, die regelmäßig ihren Kundenstamm durchforsten und die Kundenbeziehung mit denjenigen beenden, die kaum Umsatz einbringen. So schaffen sie größere Kapazitäten für die Betreuung der Kunden, die wirklichen Umsatz generieren.

Weiterhin kannst du für dich natürlich auch einen Marketingansatz entwickeln. Was genau ist denn bei den 20 Prozent großen Kunden so anders als bei den 80 Prozent kleinen Kunden? Und hast du eventuell die Möglichkeit, Reize zu setzen, dass mehr von den Kleinkunden in die Großkundenriege aufrücken?

20 Prozent der Kunden sorgen für 80 Prozent der Reklamationen

Auch durch diesen Sachverhalt bieten sich dir einige Möglichkeiten. Einerseits stellt sich die Frage, ob die bei dir eingehenden Reklamationen in der Sache berechtigt sind. Wenn deine Produkte oder deine Dienstleistungen fehlerhaft sind, bedenke, was das langfristig für dich bedeutet. Nicht jeder Kunde beschwert sich direkt über eine nicht optimal ausgeführte Leistung. Aber wenn der Kunde noch einmal etwas braucht, kommt er nicht zu dir wieder, wenn er irgendwie unterschwellig oder ganz offenkundig unzufrieden war. Entsprechend nutze die Reklamationen, die bei dir ankommen, um herauszufinden, wie du besser werden kannst. So kannst du nicht nur deine Reklamationsquote generell verringern, sondern auch langfristigere Kundenbeziehungen generieren.

Andererseits sind Reklamationen in einem Unternehmen immer auch ein Kostenfaktor. Du verschwendest Arbeitszeit und Geld in einen Prozess, der dir keinen Umsatz bringt. Entsprechend solltest du auf der anderen Seite genauso ausloten, ob du die Möglichkeit hast, dich in irgendeiner Weise von übermäßig reklamierenden Kunden zu trennen, wenn sie eher marginal begründet sind. So sparst du Zeit und Geld in der Nachbearbeitung, was deinen effektiven Gewinn steigern kann.

Probleme und Gefahren bei der Umsetzung

Allerdings darfst du das Pareto-Prinzip nicht einfach blind ohne Sinn und Verstand umsetzen, sonst wirst du es schnell fehlinterpretieren und Fehler machen. Beispielsweise nutzen einige Leute das Prinzip als Ausrede, um sich zurückzulehnen. Wenn man in

20 Prozent der Zeit bereits 80 Prozent des Ergebnisses erreicht hat, kann man sich schließlich entspannen.

Nein, das kannst du nicht! Das Prinzip soll dazu beitragen, dass du deine Zeit so produktiv wie möglich einsetzt. Nimmst du es als Anlass, dich zurückzulehnen, widerspricht sich das ja bereits in sich selbst, oder?

Außerdem haben einige Leute den Eindruck, dass man das Pareto-Prinzip toll in einem Kuchendiagramm umsetzen könnte, weil sich 20 und 80 Prozent genau zu 100 Prozent aufaddieren lassen. Das ist aber falsch. Wenn wir 20 Prozent Aufwand und 80 Prozent Ertrag haben, verbleiben immer noch 80 Prozent Aufwand und 20 Prozent Ertrag. Das bedeutet, wir benötigen immer zwei Kuchendiagramme, um Pareto vollständig darzustellen. Die beiden Größen sind eigenständig zu behandeln.

Das bedeutet auf der anderen Seite auch, dass man nicht automatisch aufhören kann, wenn man 80 Prozent des Ergebnisses hat. Natürlich gibt es Situationen, in denen es sich nicht vermeiden lässt, das Projekt im optimalen Aufwand-Ertrag-Verhältnis zu bearbeiten. Aber nicht zwangsläufig sind die letzten 20 Prozent Ertrag etwas, auf das man immer verzichten kann. Diese können ebenfalls ein enorm wichtiger Bestandteil des Projekts sein, selbst wenn sie im Verhältnis deutlich mehr Zeit erfordern.

Stell dir einmal vor, dass du deine Steuererklärung nur zu 80 Prozent ausfüllen würdest, weil das die Sachen sind, die du am schnellsten zusammensuchen kannst. Hältst du es für eine gute Idee, die restlichen 20 Prozent nicht auszufüllen, nur weil sie dir mehr Arbeit bereiten?

Das heißt für dich: Priorisiere und organisiere deinen zeitlichen Ablauf gerne so, dass du mit wenig Aufwand möglichst viel Ertrag erzielst. Aber hinterfrage stets, ob die letzten 20 Prozent des Ergebnisses wirklich komplett verzichtbar sind und du ihnen keine Aufmerksamkeit mehr widmen musst.

Außerdem gilt, dass die Zahlen 80 und 20 nicht in Stein gemeißelt sind. Die reichsten 20 Prozent der Weltbevölkerung haben mittlerweile deutlich mehr als 80 Prozent des Weltvermögens. Nichtsdestotrotz bleibt die Grundaussage des Pareto-Prinzips gleich. Es weist auf Ungleichverteilung von Aufwand und Ertrag hin.

Genau aus diesem Grund solltest du Pareto für dich als Ansatz erkennen, mit dem du dieses Ungleichgewicht in den unterschiedlichsten Bereichen potenziell erkennen und für dich nutzen kannst. Sieh diese Ungleichheit dabei stets in dem Kontext, wie du deine Effizienz damit verbessern und wie du unwichtige Zeitfresser an die Seite schieben kannst.

Die Eisenhower-Matrix: Sortiere deine Aufgaben nach ihrer Relevanz

Mit dem Pareto-Prinzip habe ich dir gezeigt, wie du effizienter arbeiten kannst. Dabei gibt es aber ein Problem. Nicht automatisch sind die 20 Prozent des Aufwands, die den Großteil des Nutzens bringen, diejenigen, die auch die größte Relevanz für deinen Erfolg haben.

In meiner Studienzeit hätte das ungefähr so aussehen können: Ich hätte 20 Prozent der Zeit mit dem Pokern verbracht, was meinen damaligen Lebensunterhalt gewährleistet hat. Aber wäre ich auch nur einen Millimeter weitergekommen, wenn ich die 80 Prozent der Zeit, die ich für mein Studium genutzt hätte, dafür vernachlässigt hätte? Eher nicht, ich wäre stagniert oder im Laufe der Zeit sogar zurückgefallen.

Deshalb kann die reine Unterteilung der Aufgaben nach ihrer Effizienz im Resultat nicht automatisch dazu führen, dass du Erfolg hast. Du musst deine Aufgaben genauso nach ihrer Wichtigkeit sortieren und diese damit in deinen Fokus rücken.

Wie ist die Eisenhower-Matrix aufgebaut?

Der frühere US-Präsident Dwight David Eisenhower hat eine einfache Unterteilung gefunden, wie er seine Aufgaben priorisiert hat. Er unterschied dabei einerseits nach Wichtigkeit, andererseits nach Dringlichkeit der Aufgaben auf seiner To-do-Liste. So lassen sich vier verschiedene Aufgabentypen herausarbeiten:

- Wichtig und dringend
- Wichtig, aber nicht dringend
- Unwichtig, aber dringend
- Unwichtig und nicht dringend

Genau nach diesem Muster stufte er alle seine Aufgaben ein. Und jeden dieser Aufgabentypen hat er dann immer auf die gleiche Weise bearbeitet.

Wichtig und dringend

Hierbei handelt es sich um die Aufgaben, die für dich im ersten Augenblick absolute Relevanz haben. Um diese musst du dich sofort kümmern, und vor allem musst du dich selbst um sie kümmern. Sie entscheiden über Erfolg und Misserfolg deines Unternehmens. Einfach gesprochen: Lässt du diese Aufgaben liegen oder kümmerst dich nicht möglichst gut darum, fährst du beruflich an die Wand.

Eine wichtige Kundenpräsentation muss für einen anstehenden Termin noch vorbereitet werden? Wie du deine in Kürze ausgehende Lieferung zum Kunden bekommst, weißt du noch nicht? Bei einem wichtigen Großauftrag gibt es Beschaffungs- oder Herstellungsprobleme? Dann kümmere dich darum, bevor du nicht mehr genug Zeit hast, das elementare Problem zu lösen.

Beispiele: Unternehmens- oder Abteilungskrisen, umsatz- und existenzbedrohende Innen- und Außenfaktoren, Deadlines

Wichtig, aber nicht dringend

Das sind ebenfalls Aufgaben des Typs, um die du dich auf jeden Fall selbst und mit großer Aufmerksamkeit widmen solltest. Sie unterscheiden sich nur dadurch von den wichtigen und dringenden Aufgaben, dass du für sie mehr Zeit beziehungsweise Vorlauf zur Verfügung hast.

Entsprechend können diese Aufgaben vorerst liegen bleiben, aber auf keinen Fall dürfen sie aus deinem Fokus und von deiner Prioritätenliste verschwinden. Deshalb setze dir einen festen Termin, wann du dich der Aufgabe widmest. So gerät sie nicht in Vergessenheit und du kümmerst dich rechtzeitig darum.

Beispiele: Projektplanung, Prozessoptimierung, Umstrukturierungsmaßnahmen, das Erschließen neuer Absatzwege, das Aufgreifen von Trends in deinem Produkt- oder Dienstleistungsbereich

Unwichtig, aber dringend

Die Aufgaben dieser Gruppe sollten immer den Nachrang vor den wichtigen Aufgaben beider Arten haben. Wenn du also noch wichtige Aufgaben zu bewältigen hast, dann delegiere die hier beschriebenen unwichtigen Aufgaben an andere Leute. Sie sind für deinen Geschäftserfolg nicht entscheidend. Konzentriere dich auf das, was deinen wirtschaftlichen Erfolg bestimmt.

Theoretisch kannst du dich auch selbst um die unwichtigen Aufgaben kümmern. Das solltest du allerdings erst dann tun, wenn du gar keine wichtigen Aufgaben derzeit hast. Und wenn das so ist, solltest du dich auch ernsthaft fragen, warum du aktuell keine wichtigen Aufgaben hast.

Beispiele: Anrufe und Mails, Meetings, Unterbrechungen durch andere Mitarbeiter

Unwichtig und nicht dringend

Aufgaben, die nicht wichtig und nicht dringend sind, sind reine Ressourcenfresser. Es sind Aufgaben, die niemand in deinem Unternehmen machen sollte, solange du nicht weißt, wie du jemanden den lieben langen Tag beschäftigen kannst. Entsprechend vergiss diese Aufgaben, sie haben überhaupt keine Relevanz für dein Unternehmen.

Du wirst, wenn du bisher nicht priorisiert hast, überrascht sein, um wie viele Aufgaben man sich gar nicht kümmern sollte. Das verschafft dir Kapazitäten und einen Fokus auf die Dinge, die wirklich wichtig sind. Das steigert automatisch deine Effizienz und damit deinen Erfolg.

Unternehmensprozesse mit den nicht dringenden wichtigen Aufgaben optimieren

Es birgt allerdings auch eine gewisse Gefahr für dich, wenn du ab sofort nur noch im ersten Aufgabenbereich arbeitest und alles andere vernachlässigst. Langfristig hast du die Möglichkeit, deine Unternehmensprozesse über die Aufgaben im zweiten Feld (wichtig, aber nicht dringlich) zu optimieren.

Bedenke: Plötzliche Krisen, Deadline-Probleme etc. haben häufig Ursachen, die in der Vergangenheit liegen. Wenn dir beispielsweise droht, eine Deadline zu verpassen, frage dich, wie konnte es dazu kommen? Wurde sich nicht rechtzeitig um die Bearbeitung des Projekts gekümmert? Wurde die Bearbeitung so knapp geplant, dass du jetzt Zeitprobleme bekommst?

Ebenso kommen auch Krisen nicht einfach aus dem Nichts. Möglicherweise wurde in deinem Unternehmen zu viel Geld für Unwichtiges ausgegeben oder Personal in Bereichen angestellt, in denen es nicht benötigt wird? Wenn ein Mitbewerber plötzlich ein revolutionäres Produkt auf den Markt bringt, hast du dann nicht rechtzeitig auf die Zeichen der Zeit geachtet?

All das sind Faktoren, die du wahrscheinlicher in den Griff bekommst, wenn sie dir frühzeitig auffallen. Das bedeutet, dass du besser und zielorientierter koordinierst, je früher du dich mit einer wichtigen Aufgabe auseinandersetzt. Und das wiederum führt zu weniger dringlichen Problemen, da du frühzeitig gegensteuern kannst. Entsprechend wird dein erster Aufgabenbereich mit wichtigen, dringlichen Aufgaben im Laufe der Zeit kleiner, und du hast mehr Zeit, dich mit den Aufgaben des zweiten Bereiches auseinanderzusetzen. Du entspannst also automatisch deinen Arbeitsalltag.

Daher muss es dein Ziel sein, so viel wie möglich in diesem Bereich zu erreichen. Genau darin liegt der Schlüssel für dich, dein Zeitmanagement und deine Prioritäten bestmöglich zu koordinieren.

Wie schaffe ich den Übergang von den wichtigen dringenden Aufgaben zur nächsten Stufe?

Natürlich hast du nicht die Möglichkeit, einfach von den dringenden und wichtigen Aufgaben wegzugehen. Aber in nahezu jedem Unternehmen gibt es Spitzen, in denen die Aufgaben sich häufen, und Zeiten, in denen es etwas entspannter zugeht.

Gerade wenn du nun merkst, dass du viele akute Probleme gelöst hast, solltest du dich nicht zurücklehnen und auf den nächsten Ansturm warten. Genau dann ist es Zeit für dich, die wichtigen, aber nicht dringlichen Aufgaben anzugehen. So kannst du dir Zeit verschaffen, da so die nicht dringlichen Angelegenheiten weniger Gefahr laufen, akute Handlungskrisen zu produzieren.

Natürlich handelt es sich hierbei um einen Prozess, der dir nicht von heute auf morgen absolute Erleichterung verschaffen wird. Aber du wirst merken, dass sich dein gesamter Arbeitsbereich im Laufe der Zeit mehr und mehr entspannt. Das bedeutet für dich, dass du weniger Stress ausgesetzt bist, Probleme lösen kannst, bevor sie auftreten, und generell deine Produktivität steigerst. Schließlich schaffst du dir im Optimalfall neue Handlungskapazitäten.

Die größten Zeitfresser am Arbeitsplatz

Abschließend möchte ich dir einige der größten Zeitfresser am Arbeitsplatz vorstellen. Diese kosten dich Zeit, schränken deine Produktivität ein und verhindern, dass du effizient arbeiten kannst. Dazu gehören unter anderem die folgenden Aktivitäten:

E-Mails

Nichts ist schädlicher für deine Produktivität, als ständig eingehende Mails zu bearbeiten. Selbst wenn der Inhalt wichtig ist, so ist es selten der Fall, dass das Haus abbrennt, wenn du eine Mail nicht sofort liest.

Tust du das dennoch, wirst du häufig aus deiner aktuellen Tätigkeit herausgerissen. Kennst du das Gefühl, bei einer Aufgabe im Flow zu sein? Du führst die notwendigen Aufgabenschritte wie selbstverständlich aus und arbeitest konsequent ab. Oder du denkst dich in ein Problem hinein und dir fallen immer neue Strukturen und Möglichkeiten ein, mit diesem Problem umzugehen.

Genau aus diesem Fluss reißt du dich förmlich heraus, wenn du sofort darauf reagierst, sobald eine neue E-Mail da ist. Kehrst du zu deiner Aufgabe zurück, musst du erst wieder in den Fluss kommen, dich neu eindenken. Das kostet dich Zeit – im Extremfall sogar sehr viel Zeit.

In meinem Postfach landen täglich dutzende Mails. Gleichzeitig benötige ich aber auch für viele meiner To-dos mein Mailpostfach. Insofern ist es unmöglich, nicht ständig in das Postfach zu schauen. Ich habe viel ausprobiert und kann unter anderem das Tool www.sanebox.com empfehlen, um das E-Mail-Chaos zu beherrschen. Hier 3 Tipps, wie ich aktuell vorgehe (ich arbeite mit Outlook):

• Ich habe folgende Unterordner: "Posteingang", "Archiv", "morgen", "nächste Woche" und "nächster Monat". In Archiv / nächste Woche / nächster Monat verschiebe ich die Mails, die entweder bearbeitet sind (Archiv) oder erst in der Zukunft zu bearbeiten sind.

• Die Magie ist der Ordner "morgen". Ich habe eine Outlook-Regel definiert, die JEDE Mail, die ich empfange, in diesen Ordner verschiebt UND als gelesen markiert. Jeden Morgen schiebe ich dann alle Mails von "morgen" in "Posteingang". Diesen Posteingang arbeite ich dann ab. So stelle ich sicher, dass ich i.d.R. auf alle Mails innerhalb von 24 Stunden antworte, aber nicht alle paar Minuten von einer neuen Mail unterbrochen werde. (Die wenigsten Mails sind so wichtig, dass sie einer Beantwortung von weniger als 24 Stunden wirklich erfordern.)

- Ich brauche einen freien Kopf zum Arbeiten. Daher bearbeite ich jeden Morgen als erstes mein Mailpostfach. Jede Mail, die weniger als 5 Minuten Arbeit bedeutet, bearbeite ich sofort, wenn ich sie lese, sodass sich gar nicht erst ein großer Berg an E-Mails aufbauen kann. Der "Posteingang" ist dann auch mein Arbeitsordner für den Tag, der idealerweise Abends leer ist. Dann kann ich auch mit einem guten Gewissen Feierabend machen.

Meetings

Im Jahr 2009 kam der US-amerikanische Personaldienstleister Robert Half aufgrund einer Befragung zu dem Schluss, dass knapp ein Drittel aller Meetings überflüssig ist. Trotzdem kennen wir alle den Ablauf von Meetings: Sie kosten Zeit, meist mehr, als wir dafür einplanen, und bestimmt jeder hat schon einmal in einem Meeting gesessen und sich gedacht „Ich habe Besseres zu tun" oder „Kann ich nicht einfach mein Arbeitspensum durchziehen?"

Genau aus diesem Grund ist es wichtig, so wenige Meetings wie möglich abzuhalten, diese dafür dann aber wesentlich effizienter zu gestalten. Einige Unternehmen setzen auf eine effektive Vor- und Nachbereitung von Meetings, andere halten Meetings im Stehen ab, damit sie nicht künstlich in die Länge gezogen werden.

Multitasking

Einer italienischen Studie zufolge gehört Multitasking ebenfalls zu den zeitlichen Problemen, die wir uns schaffen. Im Jahr 2010 belegten Forscher dort, dass Richter deutlich schneller arbeiteten, wenn sie einen Fall nach dem anderen konsequent abarbeiteten, statt mehrere Fälle gleichzeitig auf dem Tisch liegen zu haben. Im Schnitt sparten sie pro Fall sechs Tage Zeit.

Genau das solltest du auch für dich nutzen. Hast du eine Aufgabe auf dem Tisch und dich dafür entschieden, diese jetzt zu bearbeiten, dann ziehe sie so konsequent wie möglich durch. Lass dich nicht von äußeren Faktoren von dieser Aufgabe ablenken,

„LIEBE IST NICHT DAS WAS MAN ERWARTET ZU BEKOMMEN, SONDERN DAS WAS MAN BEREIT IST ZU GEBEN." KATHARINE HEPBURN

sondern bleibe am Ball, bis du sie erledigt hast. So schaffst du es, ein Problem nach dem anderen zu bewältigen, und bist dabei schneller.

Das sollte eigentlich auch nicht verwundern, da jeder Neubeginn einer Aufgabe ein neues Eindenken erfordert. Ziehst du die Aufgabe in einem Stück durch, musst du das genau einmal machen. Arbeitest du mehrere Aufgaben in mehreren Schritten ab, musst du dich um ein Vielfaches neu einfinden.

Vorschlag: Leg doch einfach mal testweise für einen halben Tag das Handy weg und fokussier dich voll auf eine Tätigkeit. Egal was du machst, ob du arbeitest, lernst, deine Wohnung aufräumst, deinen Urlaub planst - du wirst wahrscheinlich verblüfft sein, wie viel produktiver du doch bist.

Der Faktor „Ich"

Nicht immer sind es nur äußere Einflüsse, die unsere Produktivität schmälern. Häufig fällt es auch in unseren eigenen Verantwortungsbereich, wenn wir Ziele nicht so schnell umsetzen können, wie wir das gerne möchten.

Deshalb hinterfrage auch dich selbst:

- Wie häufig schaust du in deiner Arbeitszeit auf das Handy, um zu sehen, ob du Nachrichten bekommen hast?
- Wie oft führst du privaten Tratsch mit den Kollegen?
- Wie häufig aktualisierst du deinen Facebook-Status oder deine privaten Mails?
- Wie häufig unterbrichst du deine Arbeit durch unnötige Pausen?

Praktische Tipps zum Einstieg zur Priorisierung

Natürlich liest es sich ganz schön, davon auszugehen, dass wir einfach alles Unwichtige beiseite schieben, nur noch die wichtigen Aufgaben erledigen und alles andere schon irgendwer anders machen wird. So läuft es in der Praxis natürlich nicht, was gerade den Einstieg in die Priorisierung erschweren kann.

Aber versuche doch zunächst einmal, bei den größten Zeitfressern anzusetzen, um einen Fortschritt zu erreichen. Neben dem Verhindern von Multitasking und zu kleinschrittigem Vorgehen können das beispielsweise auch Zeitpläne sein, die dir helfen.

Nimm dir doch beispielsweise vor, deine Mails nur noch zu bestimmten Zeiten zu lesen. Wenn du in Vollzeit arbeitest, bearbeite deine Mails beispielsweise nur noch nach Arbeitsbeginn, kurz vor oder kurz nach der Mittagspause und zum Feierabend hin. So hast du die restliche Zeit übrig, um dich auf die wesentlichen Aufgaben zu fokussieren.

Wenn viele Mitarbeiter mit Anliegen auf dich zukommen, beispielsweise weil du eine Abteilung leitest oder in bestimmten Schnittstellen tätig bist, setze feste Sprechzeiten, in denen die Mitarbeiter zu dir kommen können. Alle anderen Zeiten werden geblockt. So sammelst du die unwichtigen oder hinderlichen Aufgaben und kannst sie geballt abarbeiten. Sie reißen dich nicht immer wieder von Neuem aus deinem Arbeitsfluss.

Auch wenn ich kein Freund von starren Regeln bin, so haben wir bei Digital Beat und Gründer.de zwei Regeln eingeführt, die genau hier ansetzen:

1. Wir haben den "Beastmode" eingeführt. Dieses Konzept haben wir von unserem Geschäftspartner Calvin Hollywood übernommen, der ja auch dankenswerterweise ein Vorwort zu diesem Buch beigesteuert hat. Bei uns wird das so umgesetzt: Bis 13 Uhr arbeitet jeder Mitarbeiter fokussiert an seinen Aufgaben. Es wird nicht geredet, es werden keine Fragen gestellt.

Nur in absoluten Ausnahmefällen. Das hört sich zunächst etwas langweilig an, steigert aber die Produktivität dramatisch. Entsprechend gestaltet sich der Nachmittag zum Ausgleich dann etwas lockerer.

2. "Keine Frage ohne Lösungsvorschlag": Jeder, der ein Problem hat, kontaktiert seine Kollegen/Vorgesetzten immer direkt mit einem Lösungsvorschlag. Banales Beispiel: Der Mitarbeiter zum Chef "Unser Drucker verschmiert die Ausdrucke und produziert ständig einen Papierstau. Was können wir da tun?" Das ist eine Frage, über die sich jeder Chef "wahnsinnig freut". Besser wäre doch: "Unser Drucker verschmiert die Ausdrucke und produziert ständig einen Papierstau. Wir brauchen dringend eine Lösung, da wir ständig mit dem Drucker arbeiten. Eine Reparatur würde sich bei dem alten Teil vermutlich nicht lohnen. Ich habe mal bei Amazon nachgeschaut, das Nachfolgemodell würde nur 149 € kosten. Ich würde vorschlagen, dieses zu bestellen."

Im Idealfall kann der Chef jetzt den Lösungsvorschlag einfach abnicken und sich auf wichtigere Aufgaben fokussieren. Gleichzeitig trainiert er damit aber auch die Lösungskompetenz seiner Mitarbeiter. Und wenn das gut läuft, kann er auch die Mitarbeiter anweisen, in einem gewissen Rahmen eigenständiger zu handeln.

Versuche – unabhängig davon – außerdem an weniger Meetings teilzunehmen oder darauf zu drängen, dass Meetings effizienter und gezielter abgehalten werden. So sparst nicht nur du Arbeitszeit, sondern alle anderen Mitarbeiter, die ihre Zeit im Meeting verbracht hätten, ebenfalls. Nichtsdestotrotz: Wenn in einem Meeting nicht gelacht wurde, ist meiner Meinung nach dennoch irgendwie etwas schief gelaufen.

Warum die Priorisierung so wichtig ist

Zunächst lernst du mit der Priorisierung nach Eisenhower, deine Aufgaben danach zu unterscheiden, was sie dir nutzen. Das ist genau dann notwendig, wenn du beruflichen Erfolg haben möchtest, denn Erfolg bedeutet Wachstum, was nicht nur den Umsatz, sondern vor allem auch die damit einhergehenden Aufgaben betrifft.

Schaffst du es nun nicht, die wichtigen Aufgaben konsequent abzuarbeiten, wird der generierte Erfolg dir schnell wieder wegbrechen. Wenn du deine Deadlines nicht einhältst, Probleme wichtiger Kunden nicht löst oder eine zu hohe Kostenstruktur im Unternehmen hast, wirst du über kurz oder lang Gewinn verlieren oder sogar Verlust machen. Das betrifft dich selbst als Arbeitnehmer in gleichem Maße, denn wenn dein Unternehmen nicht mehr gewinnorientiert wirtschaften kann, wird es sich dich irgendwann nicht mehr leisten wollen oder leisten können. Erst recht, wenn du mangels Effizienz selbst Teil des Problems sein solltest.

Langfristig entzerrst du deinen gesamten Arbeitsbereich, indem du dazu übergehst, vorausschauend zu handeln. So verhinderst du viele akute Probleme, bevor sie überhaupt entstehen, und sparst dir einige Stressfaktoren von vornherein ein.

Es gibt jedoch auch die andere Seite der Medaille, nämlich die eigene Gesundheit. Sowohl Arbeitnehmer als auch Unternehmer neigen dazu, einem höheren Arbeitsaufkommen mit mehr und längerer Arbeit entgegenzutreten. Zu Beginn des Kapitels habe ich dir anhand der Yerkes-Dodson-Kurve bereits gezeigt, warum das nicht die Ultima Ratio sein kann. Einerseits nimmt die Produktivität an ihrem Scheitelpunkt immer weiter ab, sodass mehr Arbeit irgendwann ineffizienter wird. Andererseits hat zu viel Stress auch gravierende Auswirkungen auf Körper und Geist.

Gerade deine geistige Gesundheit solltest du dabei stets im Blick haben. Kennst du Situationen, in denen du vermehrt Stress hast und plötzlich gereizter, abgeschlagener oder unmotivierter als sonst bist oder in denen du nicht mehr richtig schlafen kannst? Genau das können Anzeichen dafür sein, dass du eben zu viel statt priorisiert arbeitest.

Langfristig kannst du noch weitaus schwerere Probleme dadurch bekommen. Nicht umsonst sind psychische Erkrankungen wie Depressionen, Burnouts und Überlastungsreaktionen immer häufiger die Gründe für eine Krankschreibung. Niemandem ist damit geholfen, wenn du dich selbst verheizt. Weder dir, noch einem eventuellen Arbeitgeber, noch deinen Kunden.

Deshalb behalte mit diesem und den vorherigen Kapiteln im Blick, dass sowohl deine Arbeit als auch dein Wohlbefinden dein Kapital sind. Du wirst weniger glücklich sein, wenn du es nicht schaffst, deine Arbeitsabläufe so umzusetzen, dass sie dir gesundheitlich nicht zusetzen. Produktivität und Erfolg kommen durch Effizienz. Andererseits kannst du auch kaum Erfolg haben, wenn du nicht glücklich bist, was ich dir eingangs bereits erklärt habe. Würdest du es als Erfolg empfinden, zwar beruflich alles zu erreichen, aber dabei persönlich unglücklich zu sein? Deshalb behalte im Blick, dass Erfolg, Effizienz und persönliches Wohlbefinden stets eng miteinander verknüpft sind.

11

Wie du erreichst, was du dir wünschst

Es gibt nur sehr wenige Motivationstrainer, zu denen ich noch aufschaue. Die meisten produzieren heiße Luft und motivieren nur kurzfristig. Doch jemand von dem ich wirklich noch viel lerne, ist Christian Bischoff. Er geht eine Ebene tiefer als die Anderen.

Er begeistert Hunderttausende mit seinen Live-Events, seiner Social Media Präsenz und seinem sehr erfolgreichen Podcast. Über einen gemeinsamen Kontakt durfte ich Christian 2016 persönlich kennenlernen. Er war Keynote-Speaker auf unserem Event "Die Contra" - und gewann prompt im ersten Anlauf den Tiger Award für den besten Vortrag.

Seitdem ist Christian stets ein gern gesehener Gast auf unseren Events und im Podcast. Er ist ehemaliger Profi-Basketballspieler und -trainer. Christian hat bis heute als Persönlichkeitstrainer und Life-Coach mit über 500.000 Menschen live gearbeitet.

Sein Podcast DIE KUNST, DEIN DING ZU MACHEN ist im November 2017 mit über 6 Millionen Downloads der gefragteste Podcast zum Thema Persönlichkeitsentwicklung im deutschsprachigen Raum. Du findest ihn auf iTunes sowie mit jeder anderen Podcast-App.

Sein gleichnamiges Erfolgsseminar besuchten allein 2017 über

17.500 Menschen. Christian ist mehrfacher Buchautor, erfolgreicher Unternehmer, Leiter und Organisator von über einem Dutzend Seminarevents. Mehr zu Christian findest du auch auf YouTube, Facebook und Instagram.

Ich freue mich daher sehr, dass Christian als einer der einflussreichsten Persönlichkeitstrainer im deutschsprachigen Raum ein kurzes Kapitel mit dem Thema "UNAUFHALTBAR – Wie du erreichst, was du dir wünschst" meinem Buch beisteuert.

Christian Bischoff: Was bedeutet es unaufhaltbar zu sein?

Unaufhaltbar sein bedeutet:

Zu beenden, was du angefangen hast. Durchziehen, was du begonnen hast. So lange, bis du am Ziel bist. Wenn du das erste Ziel erreicht hast, kommt das nächste. Dann das nächste. Und wieder das nächste. Unaufhaltbar wirst du nicht geboren. Unaufhaltbar machst du dich!

Unaufhaltbar sein ist ein Mindset

Mindset sind die Gedanken, die du denkst. Die Überzeugungen, die du hast. Dein Glaube in Bezug auf dich und was für dich möglich ist. Das Mindset des Unaufhaltbaren nach einem Erfolg ist: **„Das war gerade erst der Anfang."**

Während die meisten Menschen sich nach Erfolgen feiern lassen und entspannt zurücklehnen, hat der Unaufhaltbare verstanden, dass das gerade erst der Anfang ist.

Das ist nicht mal anstrengend, sondern macht Spaß. Weil das Leben ein Spiel ist. Ein Spiel, das täglich neue, spannende Aufgaben präsentiert. Du liebst dieses Spiel, weil du weißt, du kannst dieses Lebensspiel nur einmal spielen. Doch einmal ist genug. Denn du spielst so intensiv wie möglich. Deine Mentalität ist: **„Heute bin ich gut. Morgen bin ich besser."**

Unaufhaltbare streben ein Leben lang nach persönlicher Exzellenz, nach dem nächsten Entwicklungsschritt, der neuen Herausforderung, dem nächsten Erfolg. Diese Reise nimmt kein Ende. Vor nichts schreckst du zurück. Keiner Herausforderung gehst du aus dem Weg. Stattdessen gibst du dich dem unbekannten Fluss des Lebens hin, der Wachstum heißt. Die Mentalität von Unaufhaltbaren lautet: **„Wenn ich mich nicht aufhalte, hält**

„ICH WEISS NICHT, WO MEIN LIMIT IST. ABER ICH WEISS, WO ES NICHT IST"

mich nichts und niemand auf."

So wird dein Leben Tag für Tag besser. Weil du besser wirst. Sie leben die Pippi Langstrumpf-Devise:

„Ich mache mir die Welt, wie sie mir gefällt."

Unaufhaltbare treten nicht auf der Stelle. Sie gehen weiter nach vorne. Der Satz „Mehr geht eben nicht." ist eine Lüge. Wenn du willst, gibt es immer ein nächstes Level.

Dabei gehen sie nicht über Leichen. Vielmehr agieren sie lebensdienlich. Lebensdienlichkeit beinhaltet drei Komponenten:

1. Es dient dir (jeder sollte gesunden Egoismus haben).
2. Es dient anderen Menschen.
3. Es dient dem Leben, der Gesellschaft & dem höheren Zweck.

Das ist der Vater, der Nachtschicht für Nachtschicht sein Bestes gibt, um seine Familie zu ernähren. Die Mutter, die jahrelang rund um die Uhr mit Liebe für ihre Kinder da ist. Der Musiker, der täglich acht Stunden übt, um Genialität zu erreichen. Der Unternehmer, der als Brötchengeber Verantwortung für hunderte von Familien hat.

Der einzige dauerhaft funktionierende Antrieb dafür ist die Liebe: Die Liebe zur Sache, die Liebe zur eigenen Mission, die Liebe zu den Menschen, die Liebe zum Leben. Ein lautes, liebevolles „Ja!" zu dir, ein lautes „Ja!" zum Leben und ein noch lauteres „Ja!" zur nächsten Herausforderung für dich.

Warum? Weil es die Strategie des Lebens ist, dich besser zu machen. Wer sich liebt..., wer das Leben liebt..., der geht nicht den einfachen Weg. Das wäre unter deinem Wert und unter deiner Würde. Du verdienst mehr.

Unaufhaltbar zu sein bedeutet:

1. Du setzt dir **ein** Ziel.

2. Du bleibst dran, bis du dieses Ziel erreicht hast.

3. Danach kommt das nächste Ziel... und das nächste... und...

Mehr dazu in Christian Bischoffs neuem Buch „UNAUFHALT-BAR – Wie Du im Leben bekommst, was Du Dir wünschst". Das Buch findest du auf seiner Internetpräsenz:

christian-bischoff.com

12

Business & Finanzen:
Passive Einkommensquellen
erschließen

———

D as hier soll weder ein reines Business-Buch noch eine Finanz-Lektüre werden. Dennoch möchte ich dir ein paar Einblicke geben, was möglich ist. Wenn das für dich nicht interessant ist, überspringe einfach dieses Kapitel. Wenn du hingegen noch tiefer einsteigen möchtest, möchte ich dir zwei meiner Bücher schenken, welche hier wesentlich umfangreicher drauf eingehen:

„Das 24 Stunden Buch - Wie du in kürzester Zeit mehr erreichst, als andere in ihrem ganzen Leben!" - Hier bekommst du Tipps, wie du schnell eine eigene Business-Idee entwickelst und „auf die Straße bringst". Du erhältst es unter:

www.gruender.de/buch24

„Maximale Rendite - 7 goldene Anlagestrategien, die jeder Privatanleger kennen sollte" - Hier geht es um das Thema Finanzen und wie du als Privatanleger dein Geld anlegen kannst. Du erhältst das Buch unter:

www.finanzkongress.de/maximalerendite

Geld verdienen ohne hart dafür arbeiten zu müssen – wer möchte das nicht?

Die meisten Menschen träumen davon, schnell reich zu werden und finanzielle Unabhängigkeit zu erreichen. Doch den Wenigsten gelingt dieser Schritt tatsächlich. Wer glaubt, sich mit passivem Einkommen in kürzester Zeit ohne jegliche Anstrengung großen Reichtum aufzubauen, der wird enttäuscht werden. Denn ohne auch nur einen Finger zu rühren, lässt sich einfach kein Geld verdienen.

Wer jedoch etwas Geduld mitbringt und sich als Ziel gesetzt hat, irgendwann finanzielle Unabhängigkeit zu erreichen, für den stellen passive Einkommensquellen eine hervorragende Möglichkeit dar, um sich finanziell für die Zukunft abzusichern. Vor allem für Gründer und Selbstständige, die sich neben ihrem Hauptberuf ein Zusatzeinkommen aufbauen möchten, kann passives Einkommen eine gute Einnahmequelle darstellen. Denn auch mit wenigen Stunden pro Woche lässt sich bereits ein ordentlicher Nebenverdienst verzeichnen.

Weil finanzielle Freiheit ein luxuriöser Zustand ist, nach dem viele Menschen streben, die Wenigstens ihn jedoch erreichen, habe ich hier einige Tipps für dich zusammengestellt, um ein passives Einkommen zu generieren. Doch zunächst möchte ich klären, was passives Einkommen überhaupt ist.

Was ist passives Einkommen?

Passives Einkommen wird häufig als Geld definiert, das du auch im Schlaf oder im Urlaub verdienen kannst ohne aktiv arbeiten zu müssen. Das ist auch nicht vollkommen abwegig, allerdings wird dabei häufig vergessen zu erwähnen, dass du in den meisten Fällen erst einmal eine Menge Zeit und Arbeit investieren musst, bevor es soweit ist.

Im Gegensatz zur Ausübung eines konventionellen Berufs, besteht bei der Generierung passiven Einkommens kein klares Verhältnis zwischen Zeitaufwand und Ertrag. Der große Vorteil dabei ist, dass du mit einem geringen Aufwand ein Vielfaches des Gewinns erzielen kannst. Auch wenn du am Anfang viel Zeit und Engagement investieren musst, um vermutlich nur sehr wenig Geld als Gegenleistung zurückzubekommen, so wird sich das zu einem späteren Zeitpunkt auszahlen. Denn dann kann selbst Geld auf dein Konto fließen, wenn du die Tätigkeit gar nicht mehr ausübst.

Der Begriff passives Einkommen lässt sich in zwei Kategorien unterteilen: Das Portfolio-Einkommen und das äußere passive Einkommen. Beim Portfolio-Einkommen wird zunächst erstmal eine gewisse Geldsumme investiert. Ein Beispiel hierfür wär das Investieren in Aktien. Das bedeutet jedoch, dass du ein gewisses Startkapital brauchst. Im Gegensatz dazu steht bei der zweiten Variante nicht das Investment im Vordergrund, sondern der zu vollbringende Arbeitsaufwand. Ein Beispiel hierfür wäre das Schreiben eines E-Books.

Da wir nie wissen, welches Schicksal uns im Leben ereilt und niemand sicher sein kann, dass er seinen Job bis zur Rente ausüben kann, sollte es jeder als ein wichtiges Ziel im Leben erachten, sich frühzeitig passive Einkommensquellen zu suchen, um für seine finanzielle Sicherheit zu sorgen.

„ES GEHT NICHT DARUM, WIE VIEL WIR GEBEN, SONDERN DARUM, WIE VIEL LIEBE WIR IN UNSERE TATEN STECKEN."

Vorgehensweise, um passive Einkommensquellen zu erschließen

Um die richtigen passiven Einkommensquellen zu finden, solltest du folgende Vorgehensweise anwenden.

1. Recherchiere zunächst verschiedene Möglichkeiten, um passiv Geld zu verdienen. Suche nach Wegen und Ideen, die auch wirklich zu deinem Lebensstil passen.

2. Grenze deine passiven Nebenverdienstmöglichkeiten auf drei bis fünf Optionen ein.

3. Finde heraus, welche passiven Einkommensquellen für dich gut umzusetzen sind und so funktionieren, wie du es dir erhofft hast.

4. Lege eine Excel-Tabelle an, in der du jede Woche festhältst, wie es um deine Ausgaben und Einnahmen steht. Auf diese Weise erhältst du einen Überblick darüber, ob sich deine gewählten Möglichkeiten wirklich rentieren und ob du nach und nach einen Einnahme-Zuwachs feststellen kannst.

5. Führe ein Notizbuch, in dem du dir aufschreiben kannst, welche Wege zum Geld verdienen du bereits ausprobiert hast und welche du für die Zukunft aussortieren kannst.

7 smarte Wege für passives Einkommen

Sobald du einen passiven Einkommensstrom zum Fließen gebracht hast, bedarf es vergleichsweise wenig Arbeit, damit er nicht versiegt. Einige Residualeinkommenswege lassen sich nur durch ein gewisses Startkapital beschreiten, andere hingegen kommen ohne finanzielle Investition aus.

Hier findest du nun über sieben verschiedene Möglichkeiten, wie du dir ein passives Einkommen aufbauen kannst.

1.
Zinsen und Dividenden

Eine klassische Quelle von passiven Einkommen sind regelmäßige Einnahmen durch Zinsen und Dividenden. Voraussetzung hierfür ist jedoch ein Startkapital, das du investieren kannst.

Beim Vorschlag Zinsen als passive Einkommensquelle anzusehen, wirst du dir nun wahrscheinlich denken: Wie soll ich damit viel Geld verdienen können? Die Zinsen sind doch schon seit einer gefühlten Ewigkeit im Keller und scheinen immer weiter zu sinken. Das ist richtig. Auslöser dafür war und ist noch immer die Finanzkrise und die Anpassung der Geldpolitik der EZB, die versucht durch Senkung der Zinsen die schwächelnde Wirtschaft wieder in Gang zu bringen.

Fakt ist jedoch, dass es auch andere Zeiten gab. Noch vor ein paar Jahren waren die Zinssätze deutlich höher. Und wer sagt, dass das in ferner Zukunft nicht wieder so sein kann? Um höhere Zinsen zu bekommen, solltest du dein Geld auf einem Festgeldkonto anlegen. Hier wird die Laufzeit und dein Zinssatz vorher festgelegt.

Da der EZB-Chef jedoch bereits bekanntgegeben hat, dass die Zinsen noch über Jahre hinweg niedrig bleiben können und ggf.

sogar noch weiter fallen könnten, solltest du dich in jedem Fall noch nach weiteren Geldanlagen umsehen.

Die Investition in Wertpapiere ist eine weitere Möglichkeit passiv Geld zu verdienen. Das kann in Form von Direkt-Investitionen (beispielsweise Aktien) oder in Form von Fonds bzw. ETFs geschehen.

Beim Investment in einzelne Wertpapiere stellt die Wahrscheinlichkeit eines Totalverlustes ein erhöhtes Risiko dar. Zwar gibt es Aktienunternehmen, die ihre Dividendenausschüttungen über einen längeren Zeitraum steigern konnten (Dividenden-Aristokraten), das Verlustrisiko für das eigene Vermögen bleibt jedoch weiterhin bestehen, auch wenn es als gering einzustufen ist.

Dividenden-Aristokraten, die die besten Renditen auszahlen, sind beispielsweise Münchener Rück, Allianz, Total oder H&M. Diese Unternehmen zeichnen sich durch hohe Dividendenausschüttungen und eine Kontinuität aus und eignen sich vor allem für vorsichtige Geldanleger.

Ein Nachteil beim Investment in Aktien ist jedoch, dass Dividendenausschüttungen häufig nur einmal jährlich stattfinden und die Zahlungen somit oft weit auseinanderliegen.

Ich selber verfolge eine sehr stringente Aktienstrategie. Wer darüber mehr wissen möchte, dem kann ich ausdrücklich das Buch "Der große Gebert" vom Finanzgenie Thomas Gebert nahelegen. Ich liebe dieses Buch über alles!

2.
Online-Geldgeschäfte

Geld vermehrt sich, wenn es angelegt oder verliehen und einschließlich Zinsen wieder zurückgezahlt wird. Daran ändert sich auch in der digitalen Ära prinzipiell nichts. Jedoch gibt es nun auch online die Möglichkeit, anderen dein Geld zur Verfügung zu stellen und dabei Gewinn zu machen. Das ist natürlich auch bei seriösen Anbietern entsprechend riskant. Im Gegenzug kannst du hier noch mit hohen Zinsen rechnen, während der Nullzins Anlegern offline zu schaffen macht.

Während Investition in Bitcoin hoch spekulativ sind, hast du online andere Optionen dein Geld zu vermehren: Crowdinvesting, Crowdlending und Peer-2-Peer-Lending – wobei es Überschneidungen zwischen diesen Anlagemethoden gibt.

Beim Crowdinvesting wirst du (ggf. für einen im Vorfeld festgelegten Zeitraum) stiller Teilhaber bei einem Unternehmen. Dafür bekommst du je nach Investorenvertrag in regelmäßigen Abständen oder sogar erst am Ende deines Investments Zinsen. Oder aber du wirst unmittelbar am Erfolg des Unternehmens beteiligt, etwa über eine entsprechend große Exitzahlung. Für Investoren besteht hier immer das Risiko eines Totalverlustes, weswegen empfohlen wird, von den meist kleinen Mindestanlagesummen zu profitieren und den zu investierenden Betrag auf mehrere vielversprechende Unternehmen zu splitten. Das ist, da Crowdinvesting über einschlägige Plattformen wie Companisto, Seedmatch oder Conda erfolgt, denkbar einfach.

Crowdlending indessen bedeutet, dass Unternehmer oder Privatpersonen vom Schwarm viele kleinere Geldbeträge einsammeln. Diese werden nach Ablauf einer gewissen Frist zurückgezahlt und es fallen hohe Zinsen an. Das Risiko steht auch hier in Relation zum zu erwartenden Profit. Peer-2-Peer-Lending bezeichnet die selbe Praxis, nur dass es nicht zwingend viele Personen sein müssen, die einen Kredit gewähren, sondern im Zweifel nur ein einziger Kreditgeber. Große Crowdlending Portale in Deutschland sind auxmoney und lendico.

Bei auxmoney habe ich ebenfalls seit ein paar Jahren Geld investiert. Meine durchschnittliche Rendite liegt bei 3,05 % p.a. - jedoch empfinde ich das Investieren dort als sehr zeitraubend und schlecht skalierbar.

3.
Immobilien als Renditeobjekt

Mit dem Besitz von Immobilien allein lässt sich noch kein Geld machen. Die meisten Menschen hegen den Traum, irgendwann mal ein eigenes Heim zu besitzen. Dafür nehmen sie oft hohe Kredite auf sich. Über Jahre hinweg müssen sie dann die Tilgung und die Zinsen für die Bank bezahlen. Des Weiteren fallen für die Immobilie Nebenkosten (wie die Grundsteuer, Versicherungen wie Strom und Wasser sowie Müll- und Abwasserentsorgung) an. Außerdem müssen Hausbesitzer ab und an mit Reparaturkosten rechnen.

Immobilien werden erst dann für passives Einkommen interessant, wenn sie als Renditeobjekt und nicht für die Eigennutzung eingesetzt werden. Bei Immobilien zur Weitervermietung kann durch Mietzahlungen ein regelmäßiger Geldstrom generiert werden. Laut einer Studie des Deutschen Instituts für Wirtschaftsforschung (DIW) wird mit vermietetem Wohnraum eine Rendite von durchschnittlich 2 bis 3 Prozent erwirtschaftet, was im Vergleich zu anderen Geldanlagemöglichkeiten nicht als besonders hoch einzustufen ist. Die Studie ergab, dass die Rendite bei 25 % der Immobilienanlagen 0 % beträgt. Negativ ist die Rendite bei 8,5 %. Bei insgesamt 7 Millionen Immobilienvermietern verdienen also etwa 2,3 Millionen Menschen gar kein Geld mit der Vermietung. Auf der anderen Seite erwirtschaften jedoch rund 18 % der Eigentümer mit ihren vermieteten Immobilien eine ordentliche Rendite mit 5 % und mehr.

4.
Den Blog bzw. die Webseite mit
Werbung monetarisieren

Blog- und Webseitenbetreibern stehen viele Möglichkeiten offen im Internet Geld zu verdienen. Voraussetzung hierfür ist jedoch erst einmal, für genug Traffic auf der eigenen Webseite zu sorgen. Denn der Besucherstrom bestimmt letztendlich darüber, wie viel Geld mit der Vermietung von Werbeplätzen oder mit Affilia-te-Links verdient werden kann. Je größer der Besucherstrom einer Webseite, desto mehr Menschen sehen auch die Werbeanzeigen und desto interessanter ist die Webseite oder der Blog für poten-zielle Werbekunden. Um einen möglichst hohen Besucherstrom zu generieren, solltest du umfangreiche Inhalte und Knowhow zu einem Nischenthema zur Verfügung stellen.

Wenn du eine eigene Website oder einen eigenen Blog betreibst, kannst du dort selbst Werbung verkaufen. Vor allem für Blogs mit hohem Traffic bietet der Verkauf von Werbeflächen z.B. Ban-ner-Werbung eine lukrative Einnahmemöglichkeit.

Auch mit „Pay per Click"- Werbung, wie z.B. Google AdSense, lassen sich beträchtliche Einnahmen erzielen. Google AdSense ist aufgrund seiner Einsteigerfreundlichkeit bei den Meisten die erste Anlaufoption, wenn es darum geht, mit Werbung im In-ternet Geld zu verdienen. Google analysiert deine Webseite und zeigt dann darauf abgestimmte Werbung an. Du verdienst dann immer Geld, wenn jemand auf die Google AdSense Anzeige klickt. Vergütungen pro Klick variieren je nach Themenbereich und können zwischen ein paar Cent und mehreren Euro liegen.

Da Google Linkvermietungen nicht befürwortet und sie eher ne-gativ bewertet, sollten sie eher dezent und vorsichtig eingesetzt werden. Richtig durchgeführt, können aber sogar kleinere Web-seiten von dieser passiven Einnahmemöglichkeit extrem profitie-ren. SeedingUp ist beispielsweise ein Anbieter, der bei der Suche nach Linkvermietungs-Kunden hilft.

Als weiteres Beispiel mit Werbung im Internet Geld zu verdie-nen möchte ich dir noch die Möglichkeit des Affiliate Marketings vorstellen. Beim Affiliate Marketing geht es darum, auf deiner Webseite oder deinem Blog Dienstleistungen und Produkte von anderen Anbietern zu bewerben. Klickt ein Blogleser auf das Angebot und nimmt dieses in Anspruch, erhält der Webseiten-betreiber vom Werbetreibenden eine Provision. Wenn du am Af-filiate Marketing interessiert bist, kannst du dich zum Beispiel beim weltgrößten Online-Händler, dem PartnerNet-Programm von Amazon oder bei einem Affiliate Netzwerk wie affilinet oder belboon anmelden, wo du eine Auswahl von hunderten Partnerprogrammen hast.

5.
Dropshipping

In Verbindung mit Automatisierung ist das auch als „Streckengeschäft" bekannte Dropshipping eine exzellente Methode, um passiv als Online-Händler ein Einkommen zu generieren.

Der Clou liegt bei dieser Geschäftsform in der Logistik: Während Waren in der Regel vom Großhändler zum Händler verschickt werden, von wo aus sie dann ihren Weg zum Kunden finden, wird beim Dropshipping (deutsch auch: Direkthandel) auf diesen Zwischenschritt verzichtet. Als Händler bist du zwar weiterhin das Bindeglied zwischen Großhandel und Endverbraucher, aber die Ware nimmt den direkten Weg zu deinen Kunden.

Da du als Online-Händler in der Regel nicht einmal Schaustücke parat halten musst, kann es durchaus sinnvoll sein, auf den entsprechenden logistischen Zwischenschritt zu verzichten. Mitunter trägst du weniger Versandkosten, sodass du deinen Kunden gegebenenfalls attraktivere Preise bieten kannst.

Statt dein Geld und deine Zeit in den eigentlichen Versandablauf zu stecken, kannst du dich darauf konzentrieren, einen gut aufgemachten Online-Shop mit einem ausgefeilten Sales Funnel einzurichten.

Die Kunst beim Dropshipping ist es, den richtigen Großhändler zu finden. Das erfordert etwas Recherchearbeit, denn es liegt in der Natur des Großhandels nicht mit einem gut gerankten, endverbraucher-freundlichen Auftritt glänzen zu müssen – das wird schließlich den Einzelhändlern überlassen. Bei deiner Suche musst du daher erstens darauf achten, dass der potentielle Dropshipping-Partner genug Informationen zur Verfügung stellt und zweitens darauf, dass er zuverlässig ist.

Ersteres ist wichtig, um sicherzustellen, dass die Ware, die du selbst wahrscheinlich nicht persönlich in den Händen halten wirst, von mindestens zufriedenstellender Qualität ist. Zweiteres stellt sicher, dass diese Ware dann auch ohne Komplikationen bei deinen Kunden ankommt. Immerhin haftest du hier mit deinem Namen als Versandhändler, während dein Großhändler sich um die Abwicklung kümmert.

Mit Automatisierungstools, die die Handarbeit beim Aufnehmen und Weiterleiten von Bestellungen überflüssig machen, kannst du mit einem Online-Shop so ein Business aufbauen, das dir am Ende erlaubt, passiv Geld zu verdienen. Tatsächlich begann ich meine Karriere als digitaler Entrepreneur mit Dropshipping.

In Kapitel 1 hast du bereits etwas über meinen Online-Shop für Uhren erfahren. Dabei handelte es sich um einen Dropshipping-Shop. Man kann schnell und mit wenig Risiko starten, jedoch sind die Gewinnmargen relativ gering.

6.
Kreative Wege zum passiven Einkommen

Schreibst du? Zeichnest du? Fotografierst du? Bist du virtuoser Pixelschubser? Drehst du Filme? Weißt du, wie man Druckvorlagen für den 3D-Drucker entwirft? Kreative Arbeit ist hartes Brot, kann aber ebenfalls genutzt werden, um damit online Geld zu verdienen. Der YouTube-Hit, mit dem sich Werbeeinnahmen generieren lassen, ist ein klassisches Beispiel für passives Einkommen durch kreative Arbeit im Internet.

Auch ein unterhaltsamer Roman lässt sich als E-Book verkaufen. Während es diverse Plattformen gibt, auf denen du, je nachdem, in welchem Medium du punktest, etwa T-Shirt-Motive, Schmuck aus dem 3D-Drucker oder Stockphotos verkaufen lassen kannst. Auf diese Art können gerade chronisch klamme Kreative einen erfreulichen Zusatzverdienst erwirtschaften und fähige Laien Geld mit ihrem Hobby machen.

7.
Digitale Infoprodukte

Bei Digital Beat aber vor allem bei Gründer.de verdienen wir einen großen Teil unseres Geldes mit dem Verkauf von digitalen Infoprodukten. Der Online-Verkauf von Infoprodukten ist eine weitere Möglichkeit, dir ein Passiveinkommen aufzubauen. Wie beim Dropshipping hast du den Vorteil, dass du als Händler Lagerkosten sparst, denn Platz nehmen E-Books und Videos nur auf dem jeweiligen Speichermedium ein.

Du verkaufst in diesem Fall Wissen als Ware und lieferst einer bestimmten Zielgruppe Mehrwert, indem du sie am im Produkt gebündelten Know-how teilhaben lässt.

Diese Form des Passiveinkommens war in vor-digitalen Zeiten ausschließlich Autoren vorbehalten. In der Offline-Welt können diese bis heute von den Einnahmen aus ihren Büchern nur sehr selten leben. Online hast du als Urheber von E-Books viel mehr Optionen, weil du nicht den Umweg über einen Verlag gehen musst und nicht zwingend Geld für einen Lektor oder Designer für dein Cover ausgeben musst.

Das führt natürlich dazu, dass die Qualität von E-Books oft weit hinter der von Printmedien liegt, aber solange das Produkt Mehrwert bietet und ein gewisses Maß an Nutzerfreundlichkeit an den Tag legt, ist es gut genug. Da sich ein gutes Produkt nicht von allein vermarktet, ist gutes Online Marketing ein Muss, wenn du über E-Books einen attraktiven Zusatzverdienst erzielen willst. Hier hast du erneut den Vorteil, dass du den Verkaufsprozess automatisieren kannst. Da immer mehr Menschen E-Book-Reader besitzen, wächst der Markt auch für E-Books zu Spezial- und Fachthemen.

Darüber hinaus sind kostenlose E-Books das perfekte Goodie, um Besucher auf deiner Webseite dazu zu animieren, ihre E-Mail-Adresse zu hinterlassen. In diesem Fall wird das gratis E-Book zum Werbegeschenk, das – durchaus auch automatisiert – Leads für dich generiert.

Auch Webinare, also Online-Seminare, sind ein gutes Medium für Infoprodukte. Da du hier selbst vor die Kamera treten kannst, sind sie eine hervorragende Möglichkeit für Personal Branding. Gleichzeitig erlauben dir Webinare, live viel mehr Menschen zu erreichen, als es bei Offline-Seminaren der Fall wäre. Wenn du mit Aufnahmen arbeitest, kannst du diese timen und ebenfalls zum Teil eines automatisierten Sales Funnels werden lassen.

Für das Erstellen und Vermarkten von digitalen Infoprodukten gilt grundsätzlich, dass sie in der Erstellung recht zeitaufwändig sind, aber später theoretisch von selbst laufen.

Wenn du einfach kein Sachbuchautor sein aber dennoch mit digitalen Infoprodukten Geld verdienen willst, gibt es noch die Möglichkeit als Affiliate eines oder mehrerer Infoprodukthersteller aufzutreten.

Der Handel mit den Rechten an E-Books läuft auch in zweiter oder dritter Hand durch sog. Reseller durchaus passabel. PLR lautet hier das Stichwort. Die Abkürzung steht für „Private Label" und bezeichnet den Verkauf von E-Books und anderen Medienerzeugnissen, bei denen der Autor das Recht auf Weiterverbreitung abgetreten hat. Rentabel ist dies für ihn, weil er sich den Marketingaufwand bis zu einem gewissen Punkt spart und mit einem Produkt, das unendlich oft vervielfältigt werden kann, dennoch weiterverdient.

Das brauchst du, um mit digitalen Infoprodukten Geld zu verdienen

Wie viel sind Informationen wert? Auf diese Frage gibt das Internet widersprüchliche Antworten. Manche Netizens bestehen darauf, dass Wissen online allen Menschen zugänglich und daher kostenlos sein sollte. Dass das zur Verfügungstellen von freiem Wissen eben nicht ganz ohne Geld geht, zeigen die regelmäßigen Spendenaufrufe der größten Wissensplattform Wikipedia. Dass die digitale Enzyklopädie jedes Mal Millionen an Spendengeldern einnimmt, zeigt aber auch, dass die, die es sich leisten können, durchaus bereit sind, Geld in frei zugängliches Wissen zu stecken. Während viele davon sicher für den guten Zweck spenden, gibt es auch zahlreiche Internet-Nutzer, die davon überzeugt sind, dass Informationen durchaus Bares wert sind.

Das zeigt sich auch darin, dass digitale Infoprodukte ein eigenes Online-Marktsegment darstellen. E-Books zu Fach- und Spezialthemen werden ebenso vermarktet und verkauft wie Audio-Books, Kurzreports oder Webinare. Gerade wenn du über gefragtes Spezialwissen verfügst, kannst du hier aktiv werden und Geld verdienen. Indem du an den richtigen Stellen auf Autopilot schaltest, wandelst du deine Einnahmen daraus in ein passives Einkommen um.

Warum E-Books & Co. nicht nur etwas für angehende Digitalbuchhändler sind

Selbst wenn du dich für eine andere Verdienstmöglichkeit entscheiden solltest, ist es hilfreich, dich mit E-Books zu beschäftigen. Mit ihnen kannst du dich nämlich einerseits als Experte oder Expertin profilieren, andererseits bewähren sich kostenlose E-Books als Anreiz für Seitenbesucher, ihre E-Mail-Adresse da zu lassen.

Mit nur einem digitalen Infoprodukt zu einem gefragten Thema kannst du so eine Mailing-List aufbauen, aus der du wiederum anderweitig Kapital schlagen kannst. Du musst nicht einmal selbst schreiben, um als Autor aufzutreten. Noch einfacher als einen Ghostwriter zu engagieren ist es, die Private Label Rights (PLR) an einem bereits existenten Digitalbuch zu erwerben. Damit wäre auch die erste Frage, die sich in Bezug auf digitale Infoprodukte als Einkommenquelle stellt, beantwortet:

Muss ich Experte sein, um mit digitalen Infoprodukten Geld machen zu können?

Nein, wenn du nicht schreiben lässt oder die umfassende PLR-Lizenz an einem Werk erwirbst, um es bei Bedarf anzupassen und dann unter deinem Namen zu vertreiben, musst du allenfalls als Experte auftreten.

Erstellst du deine Produkte selbst, dann tust du das idealerweise in einem Bereich, in dem du dich gut genug auskennst. Natürlich lautet die landläufige Definition, dass jemand nur dann Experte oder Expertin ist, wenn er oder sie viel über ein Thema weiß und in diesem Bereich über die Jahre ständig dazugelernt hat.

Ein Experte braucht aber auch eine Zuhörerschaft und Ratsuchende. Experte ist also auch jemand, der sein Wissen in die Öffentlichkeit trägt. Experte wird man erst, nachdem man Bücher geschrieben und Vorträge gehalten hat, die dafür sorgen, dass zunächst die Peer-Group und schließlich die Öffentlichkeit weiß, dass der Betreffende genug weiß, um als Experte zu gelten. Das gilt für die Welt offline ebenso wie für Expertise im Internet. Du musst deshalb zu Beginn kein Experte sein.

Umgekehrt kannst du Infoprodukte nutzen, um dir einen entsprechenden Ruf überhaupt erst aufzubauen. Auf diese Weise ergibt sich die Möglichkeit, dich selbst als Marke zu etablieren. Wie du siehst, ist Expertentum auch eine Frage des Personal Brandings.

Wenn du dich nicht darauf verlassen kannst, dass dein Ruf dir vorauseilt, kannst du mit Leseproben oder kostenlosen Webinaren, in denen du wichtige, weiterführende Informationen nur anteaserst, arbeiten, um Interessenten von dir und deinem Produkt zu überzeugen. Alternativ dazu kannst du auch bloggen und dir so nach und nach einen Status erarbeiten.

Ich glaube, dass jeder Mensch einen Bereich hat, in dem er aufgrund seines Werdegangs oder persönlicher Erfahrungen Experte ist. Wenn dein Expertenwissen anderen Menschen helfen kann, dann schlummert in dir ein potentielles Infoprodukt.

Was brauche ich, um ein digitales Infoprodukt zu erstellen?

Nachdem klar geworden ist, dass du keinen Expertenstatus brauchst, um aus (deinem) Wissen ein Produkt zu machen, stellt sich die Frage nach Hard- und Softwarelösungen zur Produkterstellung. Hier kommt es darauf an, was für ein digitales Infoprodukt du erstellen möchtest. Für alle Formate lassen sich dabei Spar- und Profilösungen finden.

Deine Infoprodukte liegen dem Kunden am Ende als Text-, Audio- oder Filmdateien vor. Um diese zu erstellen benötigst du natürlich die entsprechenden technischen Mittel. Als moderner Mensch des 21. Jahrhunderts hast du die wichtigsten aber wahrscheinlich schon zuhause: Du besitzt einen Computer, sehr wahrscheinlich auch ein Smartphone mit Mikrofon und Kamera und vielleicht auch eine Digitalkamera, die mindestens passable Bilder macht.

E-Books

Wenn du ein E-Book erstellen willst, kannst du das theoretisch mit MS Word oder Open-Source-Alternativen tun, die dir erlauben, am Ende eine pdf-Datei zu erstellen. Ein gängiges und pro-

fessionelles Format ist aber auch EPUB, das ich ebenfalls empfehle, weil es von eigentlich allen E-Book-Readern unterstützt
wird, während andere Formate sich nur auf den Lesegeräten
bestimmter Hersteller öffnen lassen. Du brauchst also ein Programm, mit dem du EPUB-Dateien erstellen kannst. Calibre und
Sigil sind kostenlose Software-Lösungen, mit denen du E-Books
erstellen kannst. Wenn du bereit bist, für ein gutes Programm
zum Erstellen von E-Books ein wenig Geld auszugeben, kommt
auch Papyrus Autor in Frage.

Grafiken

Du brauchst natürlich ansprechende Cover oder Thumbnails. Die
professionelle Antwort lautet natürlich „Adobe Photoshop". Das
Programm ist allerdings teuer. Eine Freeware-Alternative stellt
GIMP dar. Es steht Photoshop an Komplexität kaum nach und
du solltest dir auf YouTube ein paar Tutorials ansehen, um dich
damit vertraut zu machen, wenn du ein Neuling auf diesem Gebiet bist.

Online kannst du auf Seiten wie Canva.com Cover erstellen. Die
nächstgünstigere Variante besteht darin, Grafiken auf Seiten wie
Designenlassen.de von freien Grafikern und Designern entwer-
fen zu lassen. Greifst du auf Bilddatenbanken zurück, solltest du
immer darauf achten, gemeinfreie und zur kommerziellen Wei-
terverwendung und Veränderung freigegebene Bilder zu verwenden, um Probleme durch die Verletzung geistigen Eigentums
zu vermeiden.

Audio

Für den Fall, dass du dich für Hörbücher oder für ein Videofor-
mat entscheidest, ist es wichtig für klaren Sound zu sorgen. Gerade wenn du dich einfach vor die Kamera stellst, kann es aufgrund der Akustik im Raum passieren, dass der Ton am Ende
dumpf klingt. Dieses Problem löst du mit einem zusätzlichen Mikrofon. Für den Anfang empfehlen wie hier ein Ansteckmikro-

fon/Clip-on-Mikrofon. Dieses kannst du mithilfe eines Halteclips unkompliziert an deinem Kragen befestigen.

Genau wie bei Bildern existiert auch gemeinfreie Musik, die nützlich sein kann, um deine Videos und Audio-Books aufzupeppen.

Video

Wenn du auf Videoaufnahmen setzt, solltest du zumindest auf eine zufriedenstellende Bildqualität achten. Auch die Anschaffung eines Stativs empfiehlt sich. Mindestens genauso wichtig wie die Aufnahmequalität ist jedoch ein gut ausgeleuchtetes Bild. Die günstigste Möglichkeit, für Licht im Bild zu sorgen, ist natürlich eine gut ausgeleuchtete oder viel mehr auf natürliche Weise von Licht durchflutete Location zu finden. Wenn du von zuhause aus drehen willst, reicht auch ein kleiner Baustrahler aus dem Baumarkt. Willst du professioneller vorgehen, schaffst du dir eine sog. Softbox an. Falls du nicht selbst vor der Kamera stehen, sondern am Bildschirm etwas demonstrieren und aufnehmen willst, kannst du zum Beispiel die kostenlose Open Broadcaster Software verwenden.

Webseite

Du wirst kaum um das Erstellen einer eigenen Webpräsenz herumkommen, wenn du Infoprodukte vermarkten willst. Immerhin benötigst du für den Verkauf zumindest eine Landing-Page, die du extern mit Traffic „beschießen" kannst.

Ich empfehle dir ausdrücklich die Arbeit mit einer Word-Press-Seite. Mit unterschiedlichen Themes und Plugins, kannst du deine WordPress-Seite aber auch zum kompletten Webshop erweitern. Das Programm ist vielseitig und du benötigst keine tiefergehenden Programmier-Kenntnisse, um dir damit eine Webseite zu erstellen. Kosten entstehen durch das Hosting und den Kauf der passenden Domain. Allerdings sind sie bei den richtigen Anbietern durchaus überschaubar.

Was brauche ich noch, um mit digitalen Infoprodukten Geld zu verdienen?

Die Antwort auf diese Frage ist einfach und kompliziert zugleich: Um mit digitalen Infoprodukten Geld zu verdienen brauchst du Käufer.

Du solltest vor und nach dem Erstellen deines Infoproduktes Maßnahmen ergreifen, um Käufer damit zu erreichen. Im Vorfeld bestehen diese Maßnahmen darin, dass du sicherstellst, dass eine Nachfrage besteht und dass du auf der anderen Seite auch ein Produkt erstellst, das deine Zielgruppe überzeugt.

Ob Nachfrage besteht, verrät dir vielleicht bereits dein Erfahrungswissen. Du solltest allerdings unbedingt sicherstellen, dass dein Thema auch im Internet gesucht wird. Deine erste Anlaufstelle ist hier das Keyword-Planer-Tool, das Bestandteil von Google AdWords ist.

Ein gutes Produkt ist ein Produkt, das es der Zielgruppe möglich macht, ein spezifisches Problem zu lösen. Aus der Art des Problems ergibt sich bereits, wer angesprochen werden soll. Du solltest dennoch ein wenig Zeit investieren und möglichst viel über deine Zielgruppe in Erfahrung bringen. Dieses Wissen brauchst du, um sicherzustellen, dass deine Nische nicht zu klein ist, dass deine Produkte für deine Zielgruppe ansprechend gestaltet sind und schließlich, um diese Gruppe auch mit den Facebook-Ads oder mit Google AdWords zu targetieren.

Die meisten Kunden findest du übrigens in folgenden Fällen:

1. Das Problem, das das Produkt zu lösen hilft, ist akut und mit Leidensdruck verbunden.

2. Die Zielgruppe neigt dazu, ihre Probleme proaktiv in die Hand zu nehmen, indem sie diese zum Beispiel googelt.

3. Das digitale Infoprodukt, lässt sich einer der drei umsatzstärksten Kategorien zuordnen.

Diese sind:

- Lifestyle/Gesundheit/Fitness
- Business/Erfolg/Geld
- Liebe/Partnerschaft

Zwischenfazit:

Du brauchst nicht viel, um eigene digitale Infoprodukte zu erstellen. Das Wichtigste, einen Computer, hast du sehr wahrscheinlich schon zu Hause und die Programme, die du benötigst, gibt es oft auch in einer kostenlosen Version. Gleichzeitig eröffnen dir digitale Infoprodukte nicht nur finanziell neue Chancen. Es lohnt sich also, zumindest darüber nachzudenken, sobald du das Gefühl hast, dass du etwas weißt, das anderen Menschen helfen kann, ein bestimmtes Problem in ihrem Leben zu lösen. Wichtig ist dabei nicht, dass du anerkannter Experte bist, sondern dass nach deinem Thema gesucht wird. Auch muss es nicht zwingend Expertenwissen sein, auch Erfahrungswissen ist wertvoll. Wenn du in deinem Leben also größere Herausforderungen gemeistert hast und es Menschen gibt, die daraus lernen könnten, warum ihnen nicht die Chance geben es auch zu tun?

13

Keine Angst vor Risiken, keine Angst vor Fehlern!

A ngst vor Fehlern und die damit verbundene Risikoscheu sind etwas, das nicht recht zum Bild eines Erfolgsmenschen passen will und deshalb auch nicht oft angesprochen wird. Dabei ist das Risiko von Anfang an ständiger Begleiter, während Fehler als solche unvermeidbar sind. Allerdings gibt es verschiedene Arten mit Risiken und der Angst vor Fehlern umzugehen. Die zwei Extreme sind:

1. Aus den drei Basis-Optionen „fight", „flight" und „freeze" (Kämpfen, Fliehen oder Erstarren) Letztere zu wählen und Problemen völlig handlungsunfähig gegenüber zu stehen.

2. Risiken, Fehler und Versagen zu feiern, nach der Maxime „Einfach machen!" agieren und Samuel Becketts Worte „Ever tried. Ever failed. No matter. Try again. Fail again. Fail better.", unironisch zu leben.

Letzteres klingt erst einmal wie das Erfolgsrezept schlechthin. Aber genau das, was im ersten Fall im Vordergrund steht, fehlt hier: der Selbsterhaltungstrieb. Wer hohe Risiken eingeht, kann oft viel gewinnen, aber ab einer gewissen Fallhöhe wird es unangenehm.

Auch in Silicon Valley hat man Angst vor Fehlern und Fehlschlägen. Der Journalist und Unternehmensberater Rob Asghar rechnet in der Forbes mit dem dort besonders ausgeprägten Hype ums Fehlermachen ab. „Fail fast, fail often!", „Fail better!" und „Fail foreward!", seien vor allem Lippenbekenntnisse in einem Umfeld, wo alle mit allen Mitteln versuchen, schnell möglichst große Erfolge zu verbuchen. Ein wichtiger Motivator sei hier die Angst vorm Scheitern. Er schließt sich dabei einem anderen Kritiker der Fail-Fast-Mentalität, dem Unternehmer Mark Suster an. Dieser kritisierte bereits 2010 all die Bekenntnisse zum Fehler machen, als unnötig risikofreudig bzw. „unverantwortlich, unethisch und herzlos". Man könne unter dem Motto „Fail fast" nicht auf Businesspläne und Zielgruppenanalysen als Maßnahmen zur Risikominimierung verzichten; man könne auch nicht 50.000 hart verdiente Dollar eines Investors verbrennen, um ihm dann mitzuteilen: „Wir haben Glück: Ohne über Jahre Millionen verschwendet zu haben, wissen wir jetzt, dass es so nicht klappt."

In seinem Beitrag spricht sich Asghar letztlich aber nicht gegen Fehler und Risikofreude als solche aus, sondern gegen den unreflektierten, allzu enthusiastischen Umgang damit. Er schlägt vor, das Motto in „Embrace resilience", zu ändern, „Mach' dir die Gabe wieder aufzustehen zu eigen".

„Resilience" entspricht dabei dem psychologischen Fachbegriff „Resilienz". Diese Eigenschaft ist bei unterschiedlichen Menschen unterschiedlich stark ausgeprägt und bestimmt darüber, wie gut Betreffende Rück- und Schicksalsschläge wegstecken.

Es ist also nötig einen Mittelweg zu finden, bei dem Vorsicht und Risikofreude einander nicht ausschließen. Im Krisenfall dann ist es wichtig handlungsfähig zu bleiben und weiterzumachen. Das Risiko-Problem lässt sich rational lösen, indem du Risiken minimierst. Aber was tun, wenn Fehler und Widrigkeiten einen leicht aus der Bahn werfen? Aktuell wird noch diskutiert, ob Resilienz genetisch bedingt ist, allerdings gibt es auch hier Möglichkeiten, an seiner Haltung zu arbeiten. Ich möchte dir daher ein paar Strategien für beide Fronten vorstellen.

Risiko – So wenig wie möglich, so viel wie nötig

Schon lange vor Silicon Valley hieß es: „Wer nichts wagt, der nichts gewinnt." Allerdings musst du nicht jedes Wagnis eingehen. Vernunft und Weitsicht sind die besten Mittel, um sich gegen unnötige Risiken abzusichern. Hier sind 4 Dinge, die du zur Risikooptimierung tun kannst - zugeschnitten auf einen Unternehmensgründer. Aber selbst wenn du nicht gründen willst, kannst du sie auf dein Leben anwenden:

1. Mach' einen Plan A und mach' einen Plan B.

Arbeite mit einem Wenn-Dann-Szenario, gehe die Eventualitäten, die du bemerkst, durch und überlege dir, was du in welchem Fall tust – und was du tun musst, um kleine und große Katastrophen zu vermeiden. Das ist auch eine gute Übung, um die Angst vorm Scheitern in den Griff zu bekommen. Es hilft dir, vorbereitet zu sein, nicht in Grübeleien zu verfallen und das tatsächliche Risiko besser abschätzen zu können.

Gegen viele Katastrophen kannst du dich auch versichern (lassen). Arbeitest du zum Beispiel vor allem am Notebook, kannst du das Gerät im Rahmen einer Hausratsversicherung vor Diebstahl schützen oder eine spezielle Laptop-Versicherung gegen alle möglichen Schäden abschließen. Eine Sicherheitskopie der Daten, auf die es ankommt, minimiert dein Risiko ebenfalls ganz entscheidend.

2. Schätze das Risiko ab

Versuche auf Basis solcher Wenn-Dann-Szenarien herauszufinden, wie groß das jeweilige Risiko ist. Wenn du dann vor einer wichtigen Entscheidung stehst, gibt es zwei Möglichkeiten. Entweder, das Risiko ist so hoch, dass du die Konsequenzen im schlimmsten Fall nicht verkraften würdest, oder aber der Worst Case ist, trotz allem damit verbundenen Unbehagen, verschmerzbar. Wie der vernünftige Umgang mit Risiko hier aussieht, ist klar. Nicht umsonst lautet eine alte Investoren-Weisheit: „Investiere mehr, als du zu verlieren bereit bist."

3. Behalte die Zahlen im Blick

Um herauszufinden, ob ein Risiko finanziell tragbar ist, musst du natürlich einen Überblick über deine Ausgaben und Einnahmen haben. Vor einer Entscheidung kommt der Bilanzcheck, dann das Bauchgefühl.

4. Berate dich mit deinen Mitstreitern

Wenn du kein Einzelkämpfer bist, hast du wahrscheinlich Mitarbeiter oder Partner, die ihre Kompetenz unter Beweis gestellt haben und denen selbst einiges am Unternehmenserfolg liegt. Wenn dich dein Bauchgefühl nicht weiterbringt, lohnt es sich vielleicht, ihre Position zur anstehenden Entscheidung zu hören.

„PROBLEME SIND GELEGENHEITEN ZU ZEIGEN, WAS MAN KANN."

Resilienz – Was machst du, wenn das Leben dir Zitronen gibt?

"Wenn das Leben dir Zitronen gibt, mach' Limonade draus."

Das Gute an Fehlern und Krisen ist, dass wir aus ihnen lernen und an ihnen wachsen können. Das geht aber nur, wenn wir daran nicht zerbrechen, sondern flexibel reagieren, lernen und anpassungsfähig sind. Unsere Resilienz bestimmt, wie gut wir Krisensituationen meistern. Es gibt Hinweise darauf, dass hier auch bestimmte Gene eine Rolle spielen, aber diese sind nur ein Faktor von vielen. Intelligenz, die Fähigkeit die eigenen Gefühle zu regulieren, Selbst- und Weltbild sowie das soziale Umfeld tragen ebenfalls zur Entwicklung von Resilienz bei. Tatsächlich kannst du bestimmte Denkmuster auch gezielt trainieren, um besser mit Problemen und Krisen fertig zu werden. An dieser Stelle möchte ich dir nun 3 Tipps geben, mit denen du an deiner Krisenfestigkeit arbeiten kannst:

1. Besser mit Stress umgehen (lernen)

Ganz gleich ob angestellt oder selbstständig: Das Arbeitsleben ist stressig. Nicht jede Form von Stress ist dabei grundsätzlich schlecht. Stress, der einen in die Lage versetzt, Höchstleistungen zu erbringen und mit positiven Gefühlen einhergeht wird „Eustress" genannt. Leider spielt sein negativer Gegenpart, „Disstress" eine viel größere Rolle, wenn es darum geht, uns krank zu machen. Es ist daher wichtig, Ausgleich zu schaffen, um sich nicht körperlich und geistig im Dauerausnahmezustand zu befinden. Negative Emotionen lassen sich mit Sport gut in den Griff bekommen.

Die Psychologen Megan Oaten und Ken Cheng untersuchten in einer Studie wie sich regelmäßiger Sport über mehrere Monate hinweg auf Studierende auswirkte. Im Vergleich zur Kontrollgruppe waren Studienteilnehmer, die drei Mal die Woche Sport machten, weniger gestresst. Sie konnten auch besser mit negati-

ven Emotionen umgehen und verhielten sich im Alltag diszipli-
nierter. Sie rauchten und tranken auch weniger, beides Verhalten,
das zu den ungesunden Stressbewältiungsmechanismen zählt.
Wenn du noch keine Sportart für dich entdeckt hast, aber Sport
machen willst, um besser mit Stress zurecht zu kommen, solltest
du eine Sportart wählen, die dir auch Spaß macht.

Es muss natürlich nicht unbedingt Sport sein. Hauptsache, du
kannst dich dabei entspannen und die entsprechende Tätigkeit
tut dir gut. Vor einiger Zeit ging die Liste des Psychologiedozen-
ten Brett Phillips auf Twitter viral. Eine seiner Schülerinnen hatte
seine 101 Punkte umfassende Liste mit Vorschlägen, um Stress
zu minimieren, abfotografiert und gepostet. Jeweils fünf davon
sollten Phillips Schüler aussuchen und umsetzen. Täglich Sport
zu treiben ist Vorschlag Nummer 79, unter den übrigen 100 sind
genug kleine Wohlfühlübungen für jeden Geschmack dabei („25.
Streichle ein/e zutrauliche/n Hund/Katze", „90. Besuche ein Ball-
sportmatch und schreie"), aber auch Maximen, die mittel- und
langfristig hilfreich sein können. Neben Sport, wird auch vorge-
schlagen, täglich Freizeit einzuplanen (Punkt 35) und Prioritäten
zu setzen (Punkt 10). Dass die Liste einen viralen Hit landete,
zeigt, wie nötig Menschen in der modernen Welt gute Stressbe-
wältigungsstrategien haben. Sie zeigt aber auch, dass es nicht die
eine, ultimative Methode gibt, um runterzukommen.

Wenn du nun (besser) mit Stress umgehen lernst, steigt auch die
Wahrscheinlichkeit, dass dir der Dauerstress, den Krisen auslö-
sen können, weniger schadet.

2. Positiv Denken...

...sollte nicht mit der Fähigkeit verwechselt werden, Probleme
konsequent zu verdrängen und jegliche negative Emotion zu
unterdrücken. Eine bestimmte Form des Optimismus ist dem
Learning nach Fehlschlägen auch abträglich, bestätigt Dr. Stefan Frädrich. Umgekehrt hat man positives Denken bitter nötig,
wenn schon Kleinigkeiten einen völlig aus der Bahn zu werfen
drohen. Nur mit einer positiven Grundhaltung, kannst du lernen,
Fehler auch zuzulassen. Mit dieser Haltung fragst du: „Was kann

ich beim nächsten Mal besser machen?", statt dich mit Selbstvorwürfen zu überschütten, mit denen du jegliche Zuversicht und den Glauben an deine Fähigkeiten vernichtest.

Mache dir also zunächst bewusst, dass Bauch und Kopf keine getrennten Systeme sind. Gedanken können Gefühle hervorrufen und Gefühle führen zu entsprechenden Gedanken. Das kannst du dir zunutze machen, um dir deinen Gemütszustand bewusst zu machen und ihn dann zu beeinflussen. Das kann dir im Ernstfall auch helfen, Abstand von deinen Emotionen zu bekommen und nicht kopflos zu handeln.

Erwischt du dich im Alltag dabei, wie du grübelst oder dich in überzogene Ansprüche an dich selbst versteigst, kannst du diesen Gedanken Einhalt gebieten. Passende, positive Leitsätze können als Gegenformeln verwendet werden. Machst du Fehler, solltest du dich auch nicht selbst geißeln, sondern immer fragen, was du daraus lernen kannst und was du tun kannst, um mit den Konsequenzen fertig zu werden. Zum positiven Denken gehört schließlich auch die Überzeugung, dass du die Dinge aktiv zum Besseren wenden kannst.

3. Das soziale Netzwerk pflegen

Teil einer Gemeinschaft zu sein stärkt die psychische Widerstandsfähigkeit. Das verwundert wenig, immerhin sind Menschen dann in Krisenfällen nicht auf sich allein gestellt und finden in ihrer Familie, bei Freunden oder sogar in der Kirchengemeinde emotionalen Rückhalt. Es kann sein, dass du gerade in der Gründungsphase viel zu tun hast, aber ebenso wenig, wie du auf Ausgleich verzichten solltest, solltest du dein soziales Leben vernachlässigen. Ein Netzwerk zahlt sich nicht nur im Sinne von „Networking" aus. Deine privaten Kontakte können dich in der Krise auffangen und dir helfen, sie zu überstehen. Aber darüber haben wir ja bereits in Kapitel 2 ausführlich gesprochen.

Risiko gehört zum Leben dazu
und Irren ist menschlich

Daher ist es keine Option, Risiken und Fehler immer und überall vermeiden zu wollen. Du nimmst dir mit Vermeidungsverhalten die Möglichkeit, unternehmerisch und persönlich zu wachsen. Risiken einzugehen zahlt sich langfristig aber nur aus, wenn du auf Risikooptimierung und nicht alles unbedacht auf eine Karte setzt. Hier habe ich dir daher 5 Vorschläge zur Risikooptimierung aufgelistet:

- Arbeite mit Wenn-Dann-Szenarien.

- Schätze Risiken immer erst ab.

- Verschaffe dir einen finanziellen Überblick, bevor du riskante Business-Entscheidungen triffst.

- Frage deine Vertrauten um Rat.

- Sorge dafür, dass du rechtlich auf der sicheren Seite bist.

Oder kurz: Sei nicht risikoscheu, aber vernünftig.

Da sich das Risiko, Fehler zu machen und Rückschläge zu erleben natürlich nicht völlig eliminieren lässt, ist es wichtig, bei Rückschlägen wieder aufzustehen, zu lernen und weiterzumachen. Ob du dazu in der Lage bist, ist eine psychische Frage. Die Fähigkeit wieder aufzustehen lässt sich trainieren. Wichtig ist es:

- Stress ausgleichen zu können.

- Eine positive Grundhaltung zu entwickeln.

- Ein soziales Netzwerk zu haben/zu finden, das einen zumindest emotional auffängt.

Letztlich ist es wichtig, sich aber nicht auf das Risiko zu konzentrieren, sondern auf aktives Handeln und die Ergebnisse. Deine psychische Widerstandsfähigkeit hilft dir dabei, auch während akuter Krisen handlungsfähig zu bleiben.

14

Was erfolgreiche von weniger erfolgreichen Menschen unterscheidet

———

Erfolg ist eine Frage der Einstellung. Laut einer Studie des Unternehmens TalentSmart, verfügen erfolgreiche Menschen zu 90 % über eine hohe emotionale Intelligenz, also die Fähigkeit, eigene und fremde Gefühle zu erkennen und zu akzeptieren. Die emotionale Intelligenz beeinflusst unser Verhalten und unsere Entscheidung. Sie hilft dabei, Emotionen so zu beeinflussen, dass Ziele schneller erreicht werden können und trägt so maßgeblich zu unserem persönlichen Erfolg bei. Menschen mit einer hohen emotionalen Intelligenz können ihre Gefühle wie Angst oder Gereiztheit besser kontrollieren und positive Gefühle verstärken.

Viele Menschen stehen sich jedoch selbst im Weg und machen sich das Leben unnötig schwer. Begegnet man dann noch Menschen, denen der Erfolg zu zufliegen scheint, ist das Ganze noch frustrierender und man fragt sich oft, wie diese Menschen das anstellen. Was machen erfolgreiche Menschen also anders?

Natürlich gibt es kein Erfolgsrezept, das dich ganz sicher zum Erfolg führt. Doch es gibt Charaktereigenschaften und Denkweisen, die erfolgreiche Menschen gemeinsam haben und die dich vielleicht von deinem großen Durchbruch abhalten. Ich möchte dir 11 dieser Eigenschaften vorstellen, denn emotionale Intelligenz ist trainierbar. Tue es also den Erfolgreichen gleich und rücke auch deinem Traum ein Stück näher!

„WIR KÖNNEN NICHT JEDES EREIGNIS IN UNSEREM LEBEN KONTROLLIEREN, ABER WIR KÖNNEN BEEINFLUSSEN, WAS WIR MIT BEZUG AUF DIESE EREIGNISSE GLAUBEN, FÜHLEN UND DENKEN!"

11 Eigenschaften erfolgreicher Menschen

1. Weniger nachdenken, mehr machen!

Natürlich denken erfolgreiche Menschen über ihre neue Geschäftsidee oder ihr neues Projekt nach und kalkulieren das gesamte Unterfangen von vorne bis hinten durch. Der Unterschied zu weniger erfolgreichen Menschen besteht allerdings darin, dass sie nicht ewig abwarten, sondern nach dem Schmieden eines erfolgreichen Plans auch zur Tat schreiten, um das umzusetzen, wovon sie träumen. Erfolgreiche Menschen wollen etwas aus ihrem Leben machen. Sie verfügen über Entschlossenheit und Zielstrebigkeit und nehmen ihr Glück selbst in die Hand.

2. Lösungsorientiertes Arbeiten

Viele Menschen fixieren sich zu sehr auf ein bestimmtes Problem und verstärken so ihre negativen Gefühle und den mit dem Vorhaben verbundenen Stress, was die Leistungsfähigkeit erheblich beeinträchtigt. Menschen, die dazu neigen viel über Probleme zu grübeln, sollten sich weniger mit dem Problem selbst als mit der Frage, wie eine Verbesserung des Umstands erreicht werden kann, befassen. Statt sich also immer wieder mit dem „Was wäre wenn?" zu beschäftigen, gehen erfolgreiche Menschen hin, suchen die für sich beste Lösung und setzen diese dann um. Sie warten nicht so lange, bis zu viele negative Gedanken zu einem Problem aufkommen, sondern gehen dem Problem direkt an den Kragen.

Im Allgemeinen konzentrieren sich weniger erfolgreiche Menschen zu sehr auf das, was im Leben schief läuft, und reiten immer wieder auf ihren Fehlern rum. Gute Tage werden dabei ganz außer Acht gelassen. Es wird sich also immer auf schlechte Tage fixiert und kleine Erfolge werden oft übersehen und als selbstverständlich betrachtet. Menschen, die noch keinen Durchbruch geschafft haben, führen Fehler meist auf persönliche Defizite zurück, die sie glauben, nicht beheben zu können.

Es ist jedoch wichtig Fehler zu machen, um daraus zu lernen.
Nur so kann man seine Gewohnheiten ändern. Erfolgreiche Menschen haben das gelernt und gehen mit ihren Fehlern anders um.
Sie betrachten Fehler als etwas, über das sie die Kontrolle haben
und das sie in Zukunft beheben und besser machen können.

3. Angst vor Niederlagen besiegen und Risiken eingehen

Wie bereits erwähnt, können Menschen mit einer hohen emotionalen Intelligenz ihre Gefühle besser kontrollieren. Sie haben
verstanden, dass es ihre eigene Entscheidung ist, der Angst viel
Platz in ihrem Leben einzuräumen oder aber für immer vorsichtig durchs Leben zu gehen. Erfolgreiche Menschen haben begriffen, dass es sich lohnt, die Angst zu überwinden und auch mal
etwas zu riskieren. Jeder kennt schließlich das Gefühl, wenn man
seine Angst überwunden hat. Man fühlt sich viel stärker als zuvor und ist stolz auf sich selbst.

Auch solche Erfolge stärken unser Selbstbewusstsein und bescheren uns ein Glücksgefühl. Vor einer Hürde sollte man sich immer
fragen, was schlimmstenfalls passieren kann. Es geht dabei darum, für sich zu lernen, dass Fehler machen kein K.O.-Argument
ist. Fehler müssen schließlich gemacht werden, um von ihnen
in Zukunft zu lernen. Nur wer das verstanden hat, kann etwas
Neues wagen und seinem Erfolg entgegen sehen.

Viele Menschen haben das jedoch noch nicht verinnerlicht und
fühlen sich sicherer dabei, ihr ganzes Leben lang abzuwarten. Sie
sind nicht risikofreudig. Natürlich ist es gut, Entscheidungen bedacht zu treffen und sich vorher genug Gedanken zu machen, ob
das, was man vorhat, wirklich das Richtige ist. Nichtsdestotrotz
darf eine Entscheidung nicht aus reiner Angst getroffen werden.
Denn wenn wir ängstlich sind, stehen wir uns und einer herbeigesehnten Veränderung im Weg.

Wenn du auch zu dieser Sorte Mensch gehörst, solltest du dich von nun an nicht mehr neuen Ideen gegenüber sperren und auch einmal den Mut haben, etwas auszuprobieren. Nur so können Innovationen entstehen. Fange am besten mit einer kleinen Veränderung an und wenn sie den gewünschten Effekt hat, wird dich das in Zukunft bestärken, mehr Neues auszuprobieren.

4. Loslassen können und im Hier und Jetzt leben

Mit dem Eingehen von Risiken steigt auch die Wahrscheinlichkeit von Misserfolgen. Diese können unser Selbstbewusstsein schmälern und unsere Hoffnung auf ein künftig besseres Ergebnis erschweren. Emotional intelligente Menschen wissen jedoch, dass das Erfolgsprinzip darin besteht, sich nicht von Misserfolgen ausbremsen zu lassen und immer wieder aufzustehen. Das ist jedoch nur möglich, wenn man im Hier und Jetzt lebt und die Vergangenheit hinter sich lässt.

Menschen mit einer hohen emotionalen Intelligenz haben verstanden, dass alles, was sie besitzen eventuell nur vorübergehend ist. Aus diesem Grund können sie einfacher loslassen und besser mit Verlusten umgehen. Auch wenn ihr Business scheitern sollte, lassen sie den Kopf nicht lange hängen und stehen wieder auf, um ein neues Business zu starten.

Die meisten Menschen lassen sich durch Fehlschläge verunsichern. Wenn einmal etwas schief gegangen ist, warum sollte es beim nächsten Mal dann klappen? Man kann aber nicht an seinen Erfolg glauben, wenn man in der Vergangenheit lebt. Richte deinen Blick deshalb nach vorn und versuche mit der Vergangenheit abzuschließen. Denn das was zählt ist nicht die Vergangenheit, sondern das, was du daraus machst!

Schaue es dir bei den Erfolgreichen ab und fokussiere dich auf das Hier und Jetzt. Sie schaffen es auf die Vergangenheit zurückzuschauen und die positiven Dinge zu sehen, die sie dahin gebracht haben, wo sie nun stehen. Nur so kannst du deine gesamte Energie für die Gegenwart aufbringen und deine eigenen Fähigkeiten voll entfalten.

5. Zu seiner Meinung stehen

Erfolgreiche Menschen stehen zu ihrer Meinung und trauen sich, diese auch zu äußern. Sie lassen sich nicht von der Meinung anderer beirren und vertrauen auf ihr eigenes Urteilsvermögen.

Jemand, der es immer allen Recht machen will, macht sich von anderen abhängig. Das hat jedoch zur Folge, dass auch das eigene Selbstwertgefühl von anderen bestimmt wird. Du solltest also weniger darüber nachdenken, was andere über dich und über das, was du tust, denken. Das kostet dich unnötig Energie und Zeit. Es führt außerdem dazu, dass du anderen die Macht über dein Handeln gibst. Selbstverständlich solltest du Ratschläge dankend annehmen und dein Umfeld auch wahrnehmen, aber deine Entscheidungen sollten von dir getroffen werden und von keinem anderen.

6. Done is better than perfect!

Emotional intelligente Menschen sind keine Perfektionisten, weil sie verstanden haben, dass kein Mensch unfehlbar ist. Wenn wir uns die Perfektion zum Ziel setzen, wird uns das nur frustrieren, weil uns immer das Gefühl zu versagen überkommen wird. Mit Perfektion als Ziel, wird man immer wieder mit dem konfrontiert, was man besser hätte machen können. Das versperrt uns allerdings den Weg, uns über Erreichtes zu freuen. Nicht ohne Grund gibt es das Motto: Done is better than perfect! Natürlich sollte sich jeder Mensch als Ziel setzen, seine Arbeit so gut wie möglich zu erledigen. Allerdings kostet die Liebe zum Detail viel Zeit. Hierbei solltest du wirklich entscheiden, bei welchen Aufgaben Perfektionismus sich lohnt und bei welchen eher nicht.

7. Sich ein positives Umfeld schaffen

Diesem Punkt habe ich schon ein komplett eigenes Kapitel (2) gewidmet. Doch der Vollständigkeit halber gehört es in diese Auflistung. Daher hier nochmal der Kern anders ausgedrückt zusammengefasst:

Wer kennt das nicht: Menschen, die tagein tagaus jammern und sich andauernd über das beklagen, was bei ihnen nicht gut läuft. Solche Menschen sollte man allerdings mit Vorsicht genießen, denn sie können die eigene Laune herunterziehen. Natürlich solltest du nicht unhöflich zu solchen Menschen sein, allerdings solltest du versuchen, solche Menschen in eine positive Richtung zu lenken, indem du sie zum Beispiel danach fragst, wie sie versuchen wollen, das Problem zu lösen. Bevor du dich jedoch von einem Menschen in einen Sog negativer Gefühle ziehen lässt, solltest du dich etwas von ihnen distanzieren.

Denn der Umgang mit den falschen Menschen kann uns runterziehen und unseren Erfolg in die Ferne rücken lassen. Wem es also nicht gelingt, seinen persönlichen Durchbruch zu erreichen, der sollte nach einer eigener ausführlichen Analyse auch mal den Blick auf sein Umfeld schweifen lassen. Vielleicht stehen wir uns ja nicht einmal selbst im Weg, sondern jemand, der uns mit Stress und negativen Gefühlen belädt. Wir machen uns große Sorgen um ihn, was aber dazu führt, dass wir uns weniger auf unser eigenes Leben und unseren Erfolg konzentrieren können.

8. Auch Nein sagen können

Es gibt leider viele Menschen, denen es sehr schwer fällt Nein zu sagen. Sie denken, es wäre unhöflich etwas abzulehnen und setzten sich so unter Druck. Menschen, die dieses Wort jedoch ungern verwenden, leiden jedoch häufig unter Stress. Wenn du zu dieser Personengruppe gehörst, solltest du in Zukunft versuchen, es nicht immer allen Recht machen zu wollen. Denn das geht einfach nicht und es ist auch nicht unhöflich, etwas abzulehnen. Es wird dir niemand böse sein, wenn du etwas ausschlägst, wenn du einen guten Grund dafür hast. Wenn du eine Bitte ausschlägst, bedeutet das schließlich auch, dass du deine Verpflichtungen, denen du noch nachkommen musst, ernst nimmst und alles dafür tust, sie mit gutem Gewissen zu erledigen.

9. Kritik und Ratschläge annehmen können

Nicht jeder Ratschlag ist gut und nicht jede Kritik ist angemessen. Trotzdem meinen es Freunde, Kollegen oder Verwandte gut, wenn sie uns Ratschläge geben oder Kritik äußern. Jeder Mensch, der nach Erfolg strebt, sollte offen für Kritik sein und Ratschläge dankend annehmen. Auch erfolgreiche Menschen können immer noch von jemandem lernen, der sie und ihre Arbeit weiterbringen kann. Falscher Stolz bringt uns an dieser Stelle nicht weiter. Konstruktive Kritik sollte deshalb wertgeschätzt werden, denn sie kann dich auf Dinge hinweisen, die dir von allein nicht aufgefallen wären. Ein gutes Feedback gibt dir also die Möglichkeit, dich zu verbessern. Diese Chance solltest du dir unter keinen Umständen entgehen lassen, auch wenn Kritik manchmal an unserem Ego kratzt.

10. Verantwortung übernehmen

Die meisten Menschen haben für alles, was falsch läuft, meistens eine passende Ausrede parat. Das ist jedoch der falsche Weg. Erfolgreiche Menschen stehen zu ihren Fehlern und übernehmen Verantwortung für das, was sie tun. Nur wer Verantwortung übernimmt, kann sich auch das Vertrauen von Kunden und Kollegen sichern und bekommt wichtige Aufgaben.

Halte dir immer vor Augen, dass es keine Schande ist, Fehler zu machen. Selbst die erfolgreichsten Unternehmer haben Fehler gemacht und machen auch immer noch ab und an Fehler. Fehler gehören einfach zum Leben dazu, denn kein Mensch ist perfekt. Fehler sind da, um mit ihnen richtig umzugehen und aus ihnen zu lernen, damit wir den gleichen Fehler nicht noch einmal in unserem Leben machen.

11. Sich weiterbilden

Man lernt nie aus. Auch Experten sollten sich immer weiterbilden, denn die Arbeitswelt schläft nicht und entwickelt sich stetig weiter, sodass angesammeltes Wissen schnell veraltet sein kann, wenn man nichts tut, um sich auf dem Laufenden zu halten. Investiere also in dich selbst und bilde dich immer weiter, um in deiner Branche auf dem Laufenden zu bleiben. Erfolgreiche Menschen arbeiten an sich und investieren viel Geld und Zeit in den Ausbau ihrer Fähigkeiten.

Die Einstellung entscheidet über Erfolg oder Misserfolg. Viele Menschen stehen sich selbst im Weg. Sie denken zu viel über die verschiedensten Dinge nach, aber die Wenigsten von ihnen haben den Mut, sie dann auch wirklich in die Tat umzusetzen. Sie scheuen sich vor Risiken, davor zu scheitern. Aber wer kein Risiko eingeht, der wird auch nie etwas verändern. Er wird immer vorsichtig bleiben und lieber abwarten, was geschieht. Wenn dir bis jetzt der persönliche Durchbruch noch nicht gelungen ist, solltest du deine Einstellung noch einmal überdenken und es den Erfolgreichen nachmachen. Denn wie gesagt: Emotionale Intelligenz ist trainierbar!

Wie schreibt man so ein Buch fertig?

Dieses ist schon mein sechstes Buch. Die ersten vier behandelten ausschließ Themen für Gründer und Online-Marketing-Interessierte. Das fünfte Buch brachte ich gemeinsam mit Christoph zum Thema Anlagestrategien für Privatanleger raus. Immer öfter wird mir die o.g. Frage gestellt und ich möchte dir hier drei Antworten und Tipps geben. Insbesondere den dritten Punkt solltest du berücksichtigen, denn dieses Prinzip ist für deinen Erfolg elementar wichtig und vielleicht eine der wichtigsten Erkenntnisse, die du aus diesem Buch mitnehmen solltest - falls es dir noch nicht bekannt ist.

1.

Ich schreibe echt gerne

Ursprünglich habe ich vor allem gerne Computerspiele gespielt. Bis in den kompetitiven Bereich. Heute nennt sich das "eSports", früher war man damit eher ein Nerd. 2002 gewann ich z. B. eine der ersten echten Digitalkameras (die waren damals noch teuer...) sowie ein Preisgeld von 1.500 €. Meine Internet-Leitung in meinem Heimatdorf war jedoch nicht wettbewerbsfähig. Als ich dann die Teilnahme an einem 100.000 USD Turnier in Texas wegen meiner Abiturprüfung absagen musste, bedeutete das mein "Karriereende". Mein Team war in den USA der Top-Favorit. Dieser geplatzte Traum demotivierte mich stark.

Mich brachte das aber anschließend zum Schreiben. Denn die eSports-Szene inspirierte mich nach wie vor. Ich war erst stellvertretender Redaktionsleiter bei einem Printmagazin, von dem jedoch nie auch nur eine Ausgabe erschien. 2004 baute ich dann die Online-Redaktion von dem Werksteam des Computer-Versandhändlers Alternate auf und gewann 2005 sogar einen redaktionellen Award als Mitglied der Redaktion des Teams von "Mousesports". (Wenn dir das als Leser nichts sagt, keine Sorge, einfach weiter lesen.)

Schreiben ist mir schon immer relativ leicht gefallen, ich kann gar nicht sagen warum. Für meine Bachelor-Arbeit brauchte ich knapp 2 Wochen. Das war allerdings auch Pareto in seiner bestmöglichen Anwendungsform. Leider dann auch die Benotung. Anschließend schrieb ich für Gründer.de etliche E-Books und Blogartikel. Knapp 1.200 Newsletter habe ich in den letzten 7 Jahren geschrieben. Nur wer mich wirklich gut kennt, weiß, dass ich mich gelegentlich auch mal an ein Gedicht traue.

2.
Ich habe das Beste Team der Welt!

Hinter jedem guten Autor steht ein Team, welches ihn unterstützt. Das ist bei mir natürlich nicht anders. Da wäre z.B. Alina, die meinen Pareto-optimierten Text nimmt und daraus etwas macht, dass man später Buch nennen darf. Zum Glück ist ihr Humor meinem relativ ähnlich, sodass sie auch mal lachen kann, während sie sich fleißig durch jeden Absatz kämpft und den Feinschliff verpasst. Durch den gezielten Einsatz von Käsekuchen und Apfelkuchen versuche ich mit meinen "Backkünsten" meine wichtigste Unterstützerin bei diesem Projekt bei Laune zu halten.

Bei Christoph hingegen bin ich mir nicht immer sicher, ob ich für seine Unterstützung dankbar bin :-) Seine rund zwei Dutzend konstruktiven Verbesserungsvorschläge haben sicherlich die Qualität dieses Buches verbessert … aber hey … die einzuarbeiten war verdammt viel Arbeit! Ich freu mich schon aufs Korrekturlesen von deinem nächsten Buch, Christoph! :-)

Namentlich loben möchte ich auch noch Bianca, unseren kreativen Nachwuchs im Team. Unzählige Layoutentwürfe für das Cover musste sie mir präsentieren. Und mit mir über grafisch-kreative Sachen zu diskutieren ist in etwa so ergiebig wie eine Diskussion mit einer Bahnschranke. Die bewegt sich halt auch nur sehr langsam und schwergängig.

Danke an alle, die mich unterstützt und motiviert haben, dieses Buch zu realisieren!

Wenn du unser Team und Büro näher kennenlernen willst, dann habe ich hier 2 lustige Videos für dich:

Dieses Video stellt unser Team vor:

www.digitalbeat.de/wer-wir-sind

Dieses Video erhalten unsere Bewerber:

www.digitalbeat.de/bewerbervideo

3.
Flow

Das Prinzip des Flows zu verstehen, ist ein extrem wichtiger Bestandteil, wenn du ein erfolgreicheres Leben führen willst!

In meinem Studium habe ich gelernt, niemals Wikipedia zu zitieren. Deswegen möchte ich das gerne an dieser Stelle tun: "Flow (englisch „Fließen, Rinnen, Strömen") bezeichnet das als beglückend erlebte Gefühl eines mentalen Zustandes völliger Vertiefung (Konzentration) und restlosen Aufgehens in einer Tätigkeit, die wie von selbst vor sich geht – auf Deutsch in etwa Schaffens- bzw. Tätigkeitsrausch oder auch Funktionslust. Der Glücksforscher Mihály Csíkszentmihályi gilt als Schöpfer der Flow-Theorie, die er aus der Beobachtung verschiedener Lebensbereiche, u. a. von Chirurgen und Extremsportlern, entwickelte und in zahlreichen Beiträgen veröffentlichte. Heute wird seine Theorie auch für rein geistige Aktivitäten in Anspruch genommen."

Ein großer Teil dieses Buches ist auf Ibiza entstanden. Handy aus und dann drauf los schreiben. Dabei komme ich schnell in den "Fluss". So ein Buch schreibt sich nicht fertig, wenn man sich auf die To-do-Liste schreibt, jeden Tag 30 Minuten weiter zu schreiben. Du musst in den Flow reinkommen. Während ich diese Zeilen schreibe, ist es bereits 0:30 Uhr Nachts, ich sitze in meinem Homeoffice und bin schon 3 Stunden im Flow.

Den Großteil des Feintunings (Korrigieren, Optimieren, Fehler finden) habe ich im Ruhebereich in der Sauna gemacht. Das sind Orte, da habe ich meine Ruhe, da werde ich selten unterbrochen und kann mich auch selber wenig ablenken.

Und diesen Flow brauchst du, wenn du schnell vorwärts kommen willst im Leben, wenn du Dinge umsetzen und fertig bekommen möchtest. Aber auch in verschiedenen Lernprozessen. Wenn du für eine Klausur lernst und alle 3 Minuten aufs Handy schaust - dann kannst du dir das lernen komplett sparen. Wenn du für einen Marathon trainierst, aber alle 2km zum Quatschen stehen bleibst, dann kannst du dir auch das Training sparen.

Flow ist ein psychologisches Phänomen und findet in etlichen Lebensbereichen seine Anwendungsgebiete. Ich bin aber kein Psychologe und alleine mit diesem Thema kann man ein ganzes Buch füllen.

Bitte: Setze dich im Anschluss an dieses Buch genauer mit dieser Thematik auseinander. Es wird dich in verschiedensten Lebensbereichen so viel weiter bringen!

Worauf kommt es eigentlich an im Leben?

Wir sind am Ende des Buches angekommen und ich hoffe, du konntest einiges mitnehmen. Manche Sachen haben sich für dich vielleicht nur wiederholt - das ist aber nicht schlimm, denn es sind die wichtigen Dinge, die uns mehrmals begegnen und die sich wiederholen.

Einiges war wahrscheinlich auch neu für dich, hat alles noch mal in ein anderes Licht gerückt. Ich hoffe ich konnte dir auch neue Sichtweisen und Perspektiven aufzeigen sowie den nötigen Mut zu sprechen, damit du aus deinem Leben ein Meisterwerk machen kannst.

Ich möchte, dass du dir zum Abschluss diese Frage stellst:

Worauf kommt es eigentlich an im Leben?

Damit meine ich in deinem Leben! Was ist dir wichtig? Was bedeutet dir etwas? Wer bedeutet dir etwas? Wo möchtest du hin? Was möchtest du erreichen?

Beantworte diese Fragen und dann nimm dir einen Tag Abstand davon. Überdenke deine Antworten: Sind die Antworten wirklich das, was du willst?

Stelle die richtigen Fragen, suche anschließend die passenden Antworten. Solange, bis es für dich passt. Und dann geh los. Geh raus in die Welt. Sie wird dir zu Füßen liegen.

Ich wünsche dir all den Erfolg, den du anstrebst; dass du ein glückliches und erfülltes Leben führst; dass du aus deinem Leben ein Meisterwerk machst und später nichts hast, was du bereust, weil du es nicht getan oder zumindest versucht hast.

„*DAS GEHEIMNIS DES KÖNNENS LIEGT IM WOLLEN.*" *GIUSEPPE MAZZINI*

Manche Menschen geraten von "Erfolg" schnell in eine gewisse Gier, gepaart mit Egoismus und Arroganz. Ich hoffe du verschonst dich und dein Umfeld davor. Ich hoffe du merkst dir, was deine Wurzeln sind und wer dich vor allem am Anfang unterstützt hat.

Abschließend möchte ich dich um Folgendes eindringlich bitten:

Bitte vergiss nie: Es sind die Menschen in deinem Leben, die dein Leben lebenswert machen!

Danke an all die Menschen aus meinem persönlichen Umfeld, die diese Zeilen lesen. Ich bin euch so unendlich dankbar. Ihr bedeutet für mich die Welt!

Podcast

Der Digital Beat Podcast ist der Podcast für Unternehmer, Entrepreneure, Online Marketer, Gründer und alle, die es noch werden wollen.

In diesem Podcast lernst du von den erfolgreichsten Unternehmern der Branche alles über Digitales Marketing. Außerdem erhältst du wertvolle Insider-Tipps und Business-Strategien von den bekanntesten Influencern aus Youtube und Instagram. Der Digital Beat Podcast vermittelt dir nicht nur regelmäßig Tipps und Strategien für deinen Erfolg, sondern auch praktisches Wissen, Life Hacks, Empfehlungen sowie viel Spaß und Unterhaltung.

Unter anderem interviewen wir die Unternehmer Rolf Schrömgens, Dirk Kreuter, Calvin Hollywood, Detlef D! Soost, Christian Bischoff, Bernd Geropp, Dr. Stefan Frädrich sowie die bekannten Social Media Influencerinnen Dagi Bee, Novalanalove, Phiaka und Mrs. Bella.

Also, hör doch mal rein auf:
www.digitalbeat.de/podcast

Thomas Klußmann und Christoph J. F. Schreiber

das

24

STUNDEN BUCH

Wie du in kürzester Zeit mehr erreichst
als andere in ihrem ganzen Leben!

Gründer.de

Das 24 Stunden Buch

Wir haben in den vergangen 6 Jahren mit Gründer.de gemerkt, dass die allerersten Schritte oft die aller schwierigsten sind. Deswegen haben wir dieses Buch mit dem klaren Fokus auf eine schnelle und effektive Umsetzung deines Projektes geschrieben. Wir möchten dir und möglichst vielen anderen Menschen dabei helfen, ihre Ideen zu realisieren. Aus diesem Grund möchten wir dir dieses Buch schenken.

Das erwartet dich in diesem Buch:

1. Geschwindigkeit: Mit unserer Vorgehensweise bekommst du dein Projekt in Rekordzeit auf die Straße.

2. Konzentriertes Know How: Wir haben die Inhalte extrem verdichtet und auf das Wesentliche reduziert, damit du keine Zeit verschwendest.

3. Klarer Umsetzungsplan: Konkrete Zeitbudgets und ein klarer Schlachtplan werden dir die Umsetzung extrem erleichtern.

4. Keine Ausreden: Wir nehmen dich mit in den Hochgeschwindigkeitsmodus. Für Zögern bleibt dir keine Zeit mehr.

5. Sofort Anwendbar: Jedes Kapitel enthält Strategien von erfahrenen Unternehmern die du einfach übernehmen kannst

6. Vorlagen und Mitgliederbereich: Wir haben für dich im inkludierten Mitgliederbereich zahlreiche Vorlagen bereitgestellt

Du solltest dir jetzt hier dein Buch-Exemplar sichern, bevor alle vergriffen sind:

www.gruender.de/buch24

Conversion & Traffic Konferenz

Wenn man ein Business auf die wesentlichen Erfolgsfaktoren reduziert, bleiben genau zwei Stellschrauben übrig: Die Generierung von mehr Besuchern und Interessenten, sowie die Erhöhung der Kaufrate. Dies ist der Schlüssel zu mehr Umsatz und Gewinn.

Seit 2013 zieht die Conversion und Traffic Konferenz jedes Jahr hunderte Besucher an, die ihren Online-Umsatz maximieren wollen. Jahr für Jahr stehen ausschließlich erfolgreiche Unternehmer auf der Bühne, die ihre besten Strategien verraten, mit denen sie selbst erfolgreich arbeiten.

Du erhältst also pointierte Kurzvorträge von über 30 Referenten mit direkt anwendbarem Knowhow und oben drauf verschiedene Networking-Möglichkeiten mit den Teilnehmern sowie den Referenten. Die Contra ist DAS Event für erfolgreiches Online Marketing.

Das solltest du nicht verpassen!

Sicher dir jetzt dein Ticket zur Contra unter:
www.die-contra.de